让一切自然发生

文长长
著

长江出版传媒 长江文艺出版社

北京长江新世纪文化传媒有限公司
www.cjxinshiji.com
出品

目 录
CONTENTS

CHAPTER 1
做一个随性的人，赤诚、勇敢、尽兴

来人间一趟，请允许一切发生	002
多晒太阳少生气，更新自己的保鲜期	012
关照内心，做一个鲜活的人	021
做无名小花，做快乐小狗	033
给时间时间，让过去过去，让开始开始	042
去生活，去犯错，去跌倒，去胜利	050

CHAPTER 2
在市井中放风，和小情绪握手

▼

反正我不入局，任何事都不入局	060
稳定内核，在人生海海里尽兴开怀	073
生活拍了拍你说：大胆去做，没关系的	081
只管向前，一切都是最好的安排	088
我是善良的，也是锋芒毕露的	096
永远心动，永远开阔	105

CHAPTER 3
给好好生活的你一朵小红花

▼

日子摇摇晃晃，我们依偎着一起前行	120
用饱满的热情爱自己	126
人生缓缓，自有答案，好好生活	132
给好好生活的你一朵小红花	141
想要好运，更想快乐地活	148

CHAPTER 4
把自己重新养一遍,既是投射,也是保护

活成一朵云的姿态,自由、自在、自如　　162
允许他本是他,也允许我本是这样的我　　169
首先你要快乐,其次都是其次　　177
我决定做一个随性的人　　187
做个闲人,内心强大,逍遥自在,迷人可爱　193

CHAPTER 5
人生不过三万天,快乐一天是一天

别怕,我们都像这样慢慢长大　　202
生活抛出许多问题,我们在路上寻找答案　208
上班是讨生活,下班是过生活　　219
人生忽如寄,莫负今朝好天气　　229
相信允许的力量,接受所有的事与愿违　　240
满心期待必有遗憾,人无贪念都是馈赠　　248

CHAPTER_1

做一个随性的人,
赤诚、勇敢、尽兴

来人间一趟，请允许一切发生

01

那日，午睡醒来，昏昏沉沉，状态不是很好。打开烧水壶，打算泡杯茶，趁着烧水的间隙，打开冰箱，拿出家人送来的干脆蜜梨，索性就坐在桌边慢悠悠地削着梨子皮。削皮时，没看手机，脑袋也没有想别的事，就专注地看着梨子皮一层一层脱落。

很奇妙，明明什么都没发生，但就那么坐着，我的内心却充满喜悦。我往洗干净的玻璃水杯里放茶叶时，心情是轻松的。我拿着杯子去倒开水时，脚步是轻快的。那一刻，之前压在我心头的那些让我忧思的事情，好像都消散了。

那一刻，我脑中的想法是：我有爱我的人，有喜欢且稳定的工作，父母身体尚健康，账户里的余额也足够让自己生活无忧，心情好时敲下的几行文字还有人愿意看，纵有心情不好的时刻，乐观、豁达的性格也会让我快速想开、翻篇。所以，为什么每天还要闷闷不乐呢？我要快乐地生活。

在那个下午，突然明白，人生不过此时此刻此生此路，那些难过的、在意的、纠结的、郁闷的，以及扰乱心绪的人或事，其实都不重要。重要的是我们自己。

所以，我选择接受一切的存在，无论好坏，全盘接收。

02

接受那些不喜欢的人存在，我只管好我自己。

琴姐有一个强势的婆婆，总喜欢跟他们夫妻唱反调。琴姐和她老公打算在大城市买房，所以他们近期都在认真研究买房的政策、首付及贷款利率情况。但是，琴姐婆婆总爱唱反调，隔三岔五就往群里扔一个所谓专家的视频，这些视频的主题永远是——建议近几年不要买房。

一次两次还好，在婆婆第 N 次往群里发着那些"专家"们的视频时，琴姐绷不住了。她想起与老公谈婚论嫁时，她家提出在大城市买房，婆婆跟琴姐老公说："儿子，你有没有想过，你长期在大城市的周边城市工作，就算买房了，你也住不了几次。"这句话的潜台词很明显，这房子买了，儿子一周最多住两天，剩下五天都是给儿媳妇住的。给儿媳妇买房住，不划算。

所以，后面婆婆隔三岔五在群里转发的"不建议买房"的视频，也只是为了用"专家"的话，来打消儿媳妇想要买房的心思。琴姐也很聪明，她一眼就看出了老太太的那点私心。也正因为看出了那份全是对自己的算计与欺骗,所以更难过。

所以她在群里直接怼了婆婆一句:"买房自住,是刚需,谈何值不值得。"按照琴姐之前怼天怼地的性格,她肯定会直接开撕。但那一天,出于教养,她还是忍住了,没把那句"你们当初答应我的,算什么,是来我这骗婚来了吗?"说出口。

虽然琴姐选择给彼此保有最后一丝体面,但是,她内心不甘啊,难受啊。

即便她的老公很爱她,他们的感情很好。但很多时刻,她还是忍不住委屈。为何别人的公婆可以替儿子把房子、车子备好,她的公婆却说话不算话,为了护着儿子,一次次委屈儿媳妇。琴姐说,在她婆婆做那些事的瞬间,她也会很恨自己,恨自己没有擦亮眼睛,稀里糊涂就走进了婚姻;恨自己为何不能像别人那样等房子、车子都有了再结婚;恨自己为何会被公婆表面的体面所迷惑。她把别人的错,全归结为"自己当初的愚蠢与轻信",拿着别人的错,一次次惩罚着自己。

琴姐来问我:该怎么办?当前的困局,如何解?不喜欢的婆婆,如何面对?

我回了她两句话。第一句话"我只管我自己",第二句话"那就有点骨气地活,更飒地活"。

第一句的意思是,少去关注不喜欢的人在干什么,因为他们在干什么、在关注什么,跟我没关系。他们说了什么话,做了什么事,未必就真的能影响事情走向。把注意力拉回自己身上,摆正心态,管好自己,经营好你们的小家庭就行了,少掺和婆家的那些事。

第二句话的意思是，话我们说到了，态度表明清楚，他们若是想办，自然会办，若是不想办，且就当他们当初的承诺是个屁。重新拿回自己人生的主动权、未来的主导权，多么幸福啊。

琴姐夫妻俩的存款与工资足够他们在大城市买房了，完全可以咬咬牙，自个买了，不必在意公婆同不同意，这个事的主动权不在他们。靠自己买的房，自己说了算。

总之一句话，如果改变不了现状，那便接受这一切的存在。不必焦心，也不必因此觉得人生坏透了。**人生长得很，一切皆可发生，一切也可被改写。**

读书时代，习惯了唯一的正确答案，以至于长大后，也总想拿着那套学生思维去寻找人生的标准答案。但是，人生哪有什么唯一解，这条路不通了，转个弯，换条路，说不定走得更通畅，何必非纠结某一条路。**接受一切存在，在人生的牌桌上先心平气和坐下去，而后再寻找答案。**慢慢找，总会有找到答案的那一刻的。

03

接受那些不期而遇的时刻，将之变成惊喜。

写这篇文章的当天早上，读者群里有人发了一段话，并@了我。她说，她今天要去离家很远的城市读研究生，但是她并不喜欢那个城市，因为她是被调剂过去的。她想从我这里寻求一些安慰。

当时，我刚入职新单位不久，同样也在焦头烂额地应对着生活。很多时候上午还在单位忙着工作，下午就得拎着包去区里开会，时不时还要解决一些突发事件。对于我这种习惯一次只专注处理好一件事的人来说，这种局面也挺困难的。

收到这条消息的时候，我正背着通勤包，又累又困地挤着地铁，要赶在九点前参加一个会议。按照我以往的脾性，我是不会回复她那条消息的。大多数时候，在没有搞定好自己的情绪之前，我是不会随意插手别人的生活的。

但是很奇妙的是，那一日在地铁上的我，给她回了很长一段话："可能现在你还年轻，我说的很多话你还不相信，但是等你度过了这段日子以后，再次回头看，你会发现'一切都是最好的安排'这句话真的是很有道理的。"

我们要做的就是接受当下一切事物的存在，而后再用自己的努力把每一刻都变成人生中的美好时刻。

那日，她还问了我这样一个问题。她说："长长，我很好奇你做的是什么工作，能让你总是能保持如此高的能量，你有没有在生活或工作中遇到过一些让你很不喜欢的事情？"

我回复了她这样一句话："不喜欢的事情可太多了。不是工作总能让我保持如此高的能量，而是我自己尽量尝试带着高的能量去工作，去生活。"

年轻时，我也总是喜欢挑剔生活，总是爱把自己不快乐的原因归结为客观环境、地理因素、他人缘故等等。

犹记得，在读研究生的那几年，我过得也非常不开心。研究生入学选择导师时，我毫不犹豫选择了某行业内知名的大佬，当时我为了成为他的学生，付出了许多的精力与心思，还经过了层层的筛选与考核。

但等我真正进入师门，才发现大佬的学生并不是那么好当的。那几年，我面对导师严格的要求、繁重的任务量、毫不留情的批评，痛苦过、崩溃过，也后悔过。甚至，在那些特别难过的时刻，我不止一次地想过：如果当时不执着于一定要成为大佬的学生，找一个更加宽松的导师，研究生的这三年是否能过得更加舒心呢？

三年后，当我眼中最难的时刻过去了，当我顺利写完了论文，完成了答辩，终于拿到毕业证与学位证，站在毕业的路口时，我的内心是笃定的，踏实的。这三年里，我吃的苦要比其他的人多很多，但我得到的东西比吃的苦更多。

在那个时刻，我是感谢我的导师的。这三年里，他选择用最严苛的方式，教我们去做一个认真的人，一旦决定做什么事，一定要拼尽全力，甚至可以拿出吹毛求疵的态度去做好这件事。要对你做的事负责，也要对那个给你机会让你做事的人负责。这是可以受用一生的处世态度，也是一种积极、乐观的人生态度。

再后来，我离开了校园，走进了职场。面对一地鸡毛的工作生活，面对同事时不时给职场新人打的一针针预防针，面对很多会让曾经的我崩溃的时刻，我都能十分淡定地应对过来。

那时我才意识到，研究生那段艰难的经历，也在不知不觉间磨砺了我的心性和韧劲。正如我与同学的互相调侃："在跟那么难搞的导师相处完,顺利从他的手里毕业后,再遇到任何难搞的人,也会感觉就那样。"

这段故事,我跟身边的很多人都分享过。很多人听完后,都觉得"遇到如此导师,真的很幸运",唯独一个朋友,在听完这一切后,看着我眼睛,缓缓地回了我一段话:"这三年,你一定过得很辛苦吧。我并不觉得你的导师对你们说的这些话,要求你们做的这些事,有多么的培养人。我更多地觉得,是因为你愿意接受这一切,所以才能把这一切变成能够滋养你的存在。"

我看着朋友笑了笑,并未否认。长期以来,我也确实是这样的一个人,**不管生活会发生什么,好的或是坏的,我会首先接受这件事情的存在,而后试着看看能不能从这件事情中找到一些能够滋养我人生的东西,比如经验或方法论**。你可以说,我看待问题的方式很积极。但我心里清楚,并非我喜欢将这般苦痛化为经验,相反,只是很多时候我需要一个出口去跟过去发生的那些事情和解。我需要找到一个出口,去接受那些人、那些事。

接受,是治愈的开始。当我们愿意试着接受发生在自己生活中的事,我们才能够找到治愈自己的机会,这就是我的生活哲学。

04

接受一切存在,我选择幸福地活着。

前几日,跟姐妹们在家搞了个小型聚会。我们买了些酒,买了烧烤，买了周黑鸭、泡芙、麻薯等小零食，围坐一起，说点闺密间的悄悄话，也谈了谈理想与抱负。

一个姐妹小慧调侃说，她研究生毕业后参加工作的那年，每天早上闹钟响起，都会哭着去刷牙，边刷牙边哭。我问她为什么哭，她说："因为不想上班啊。"我们共鸣地点点头，表示理解。

紧接着，我问了她另一个问题："你现在每天刷牙还会哭吗？"

她笑着说："不会一边刷牙一边哭了，但上班对于我来说依旧是痛苦的。"

相较于她们，我走入职场较晚，所以在小慧回答完我的提问后，姐妹们的矛头都指向了我，她们异口同声问了我一个问题："你现在每天上班怎么样，会哭吗？会想逃离吗？会觉得难受吗？"

我答："不会哭，很想逃离，很难受。"

在我回答完以后，我又很快补充了一句"但是，这些都不重要"。

其实，类似的问题，在我刚研究生毕业时就被问过。

那时，身边一个在体制内发展得很好的亲戚问我："马上要上班了，你有什么感受吗？"很奇妙的是，当时的我毫不犹豫，盯着他的眼睛，很快地回答了一句"没有什么别的感受，那只是一份工作而已"，留下一脸惊讶的他。事后想想，对于像亲戚那样将工作作为施展宏图伟业平台的"70后""60后"而言，我的这番回答的确很"无为"。

但是，这就是我的真实想法。

对我而言，那只是一份工作而已。无论这份工作多么能够让我感到快乐，抑或是多么让我感到痛苦，它也只是一份工作。我要做的就是在规定的时间坐在工位上，用我的专业能力换取一份薪水，做完该做的事以后，到下班时间我就可以离开了。

因为我深知人这辈子总要做一份工作，即使不在这里，也在别处。我接受这个事实，加之，我向来也算拎得清。**人嘛，总会不自觉美化自己未选择的那条路，总会厌倦自己正走的那条路，这就是人性。**所以，无论在哪一个岗位，总是有人可以快乐地上班，也总是有人在工作岗位上不快乐地煎熬着。

而我的选择是，接受这个人生设定，快乐地生活着。改变我能改变的，接受我不能改变的。

为了让自己在办公室待着的时光能够更开心，我给自己买了养生壶，买了各种花茶、养生茶。在工作之余，给自己煮一壶养生茶，工作再辛苦，也要照顾好自己的身体。我给自己置办了一个小书架，以及一些小的装饰品，把办公桌布置成自己喜欢的样子，每天工作的八个小时里，至少让自己的工作环境赏心悦目。我还给自己买了喜欢的本子，用来做会议记录，做办公笔记，用自己喜欢的文具写字办公，内心也是欢愉的。

尽管在上班的那几个小时里，会遇到难搞的人和事，会被这些人和事影响到自己的心情，但是面对那些不可控的事情，我们能做的就只有接受它的存在。而后，在可控的时间、可控的事情上，尽可能地取悦自己、热爱生活。

我一直以来有这样一个观念：这世上，没有永远快乐的工作，没有永远快乐的人生，只有快乐的人。生活的快乐与满足，得自己学会提供给自己。

基本盘不差的前提下，无论生活是好还是坏，不取决于你抽到了什么牌，而取决于出牌的人，出牌人的心态、魄力、智慧才是最重要的。

我们要做的就是，允许一切发生，接受一切存在，而后再利用我们的聪明与智慧，给我们的生活打一个漂亮的大蝴蝶结。

多晒太阳少生气，更新自己的保鲜期

01

周五傍晚，先生来接我下班，看到他的那一刻，我努力绷紧了一天的"坚强"防线彻底崩塌了。在上车的那一刻，我委屈地哭了，眼泪止不住地流。

二十多岁时，我无论遇到多么艰难、多么悲伤的事，都不会掉一滴眼泪，那时流行林妹妹一样柔弱伤感的女孩，奈何我偏偏不是。没想到我现在快要三十岁了，反倒变得比二十岁时更柔软、更脆弱，我变得更擅长感受悲伤，也在面对悲伤时更容易流眼泪。

先生以为我是因为生病要住院做手术而难过，在一旁耐心安慰着我："没事的，我们去找这方面的专家看病，我会一直陪着你的，都会变好的。"听完他的安慰，我的眼泪依旧止不住地流。他不停地问我："怎么了，是发生了什么事吗？"

我委屈地跟他说："今天单位领导让我做一场公开汇报，要准备PPT，要找很多资料，下周先把做完的PPT给他看，而且公开汇报的时间可能和我的手术时间会撞。目前来看，要么在手术刚结束的一两天，就要公开汇报；要么在公开汇报完的第二天，就要马上住院。"

我伤心地说着："生活每次都这样对我，每次我真的下定决心要做一件事时，它就会弄出其他的事来，阻碍我，影响我，让我加倍忙碌，加倍焦躁。"

那天晚上，先生为了让我开心，带我去吃了我想吃的餐厅，吃完饭还一起去兜了风。春天的风吹在身上很舒服，不像冬天的风那么寒冷，也不像夏天的风那么潮热。但是再舒服的风终究也没能吹散那晚我心头的阴霾。

那晚入睡前，我再次崩溃大哭。我是一个很擅长自我反省的人，在崩溃时刻，我还在试图察觉这份悲伤情绪的背后根源究竟是什么，我在想办法自救。

我为什么会这么难过，是因为怕公开汇报影响到我的手术吗？还是因为不想汇报，不想去承受背后的压力呢？还是因为不想两件事都挤在一起，让我感到时间很紧迫呢？

都不是的。我难过的根源是"害怕"。所有事情的发生，都只是在加重我的这份害怕。

我知道，临近三十岁，还会因为这些事而感到"害怕"，是挺丢人的一件事。但是，正如那晚我哭着对先生说的那样："我从小到大都没生过什么大病，顶多发烧、咳嗽，吃点药、打个针就好了，这次要动手术，要住院，我真的好害怕。"我不确定在我打完麻醉药后，是不是真的就不会疼了；我不确定在动完手术，遭完这场罪后,病症还会不会复发;我不确定手术结束、麻醉药散去后的那几天里,我会不会很痛,会不会感到很难受。

那晚,我像是又变回了一个孩童,不再关心名和利,不再关心我讨厌的人,也不关心喜欢的品牌最近又出了什么新品,这一切我都不关心。那晚,我不关心人类的纷纷扰扰,我只关心我自己。我只关心自己的身体会不会痛,我只关心自己当下过得舒不舒服、快不快乐。

02

那晚我早早睡去,等到第二日早上醒来,也没有发生什么人间奇迹,那些我没解决的人生课题,睁开眼后依旧需要我去面对,需要我去解决。

我做了很多努力,想要驱散这种"悲伤"的情绪。我试着像以往经历过的很多次那样,去喜欢的早餐店,点一份最爱的瘦肉粉,热汤入肚,我的身上终于有了一些力量,那份无助感被驱散了一点点,但也只是一点点。我试着让自己放松下来,看看喜欢的电视剧,打打游戏,抑或是睡上一觉,但是一旦我空闲下来,那份空虚感又会放大。我试着给自己的生活做出一点新的改变,给电脑桌面换一张好看的壁纸,把房间收拾干净,在购物软件上给自己买几件漂亮的新衣服,我试着努力给自己的生活多制造一些期待,但是我发现,对于那些美好的东西,此刻的我不再有期待。

那些对二十多岁的我来说有用的治愈方法，对三十岁的我失效了。

在我进行了一系列尝试依旧未果的情况下，我选择用一些"古朴"的方法进行自救。我打开电脑，戴上耳机，打开音乐播放器，将音乐的声音调大，然后打开空白的文档。

面对空白的文档，我不要求自己一定要写出什么文章来，也不强求自己一定要写出一些安慰自己的话。我只对自己说了一句话：如果你想写什么，那就遵从内心，写下来吧。

在热闹的音乐声中，我在文档里写下了第一句话：在我们自己身上，克服这个时代。

我写下的第二段话是：我知道，当我们面对疾病，面对生活带来的变化，我们能做的不多，非常有限，但是我们还是要努力去发挥我们的主观能动性，还是要为自己做些什么。好好吃每一顿饭，让自己在降温时穿得足够温暖，让自己每晚都睡个好觉，保持一个好心态，跟生活打一场漂亮的翻身仗。做好我们能做的，把我们能做的做好，既增强了抵御难关的底气与自信，也会让这段困境变得没有那么难熬。让我们在遇到困境时好歹有事可做。

换个角度想一下，在遇到困境时，有事情可以忙，也是生活对我们的一种恩赐。比起将所有的精力放在令我们痛苦的事情上，还不如忙起来，这样我们就不会觉得当下很痛了。

忙碌，有时也是生活给我们的恩赐。

03

想起那日去庙里数罗汉,我求得的签文是这样写的:志性刚毅修道法,普施法雨济众生;懿德高行人敬仰,光荣大名传远方。

我把签文发给朋友,朋友很快回我:"恭喜,看来以后文大作家的写作之路会继续顺利下去,大名传远方,你会被更多人认识、喜欢的。"我回了朋友一句谢谢。

但我没跟任何人说的是,当时我心里所求的是另一件事。这件事无关写作,无关前途,无关事业,甚至无关个人发展。那日,我拿着求得的那支签文看了许久,拼命地想从那四句签文中找出与我所求之事相关的证据,遗憾的是我又没找到。

很巧的是,那日我在回家的路上,收到了编辑发来的消息,与我谈论约稿的事项。收到编辑那条消息那一刻,我内心闪过一丝开心,也有了新的打算。自从两个月前我交完上本书的书稿,或许是因为我的拖延,或许是因为我全身心在牵挂着我向罗汉许愿的这件事,或许只是因为单纯的犯懒,我已经许久没写文章了。

所以那日在车上收到编辑的消息,我在心里默默地对自己说:干脆以此为一个契机,从今天开始,每天重新开始认真看书,好好写稿,过好自己的生活。即使我所求之事未能如愿,我也能成为一名还不错的作家。如果我足够幸运,那二者就都能如愿,双丰收岂不是更好。

到此刻,在过去三个多月里,我的那份执念,终于得到妥善安放。在我被这份执念支配,在我感到痛苦的那一百个日日夜夜里,我曾经不止一次地祈祷过,"祈求生活快让我做成这件事,我不想再在这个困境里挣扎了",我甚至每天早上睁开眼睛都希望已经是"五年以后""十年以后"柳暗花明的日子了。

不执,是一种很高的境界,是像我这样的普通人达不到的境界。

所以,在我重新决定要好好生活那一刻,我突然明白了那张签文上的两句诗。大家都说数罗汉很准,所以也许不是我的心声未被听到,而是生活通过这种方式,从侧面告诉我,**不要强求,很多时候你越是想要,越是得不到,往往无心插柳柳成荫。过好你自己的生活,你想要得到的自然会到来。**

04

三十岁的我,依旧很笨拙,依旧学不会"不执",依旧没办法做到不骄不躁地去等待某个好结果出现。偶尔我还是会很迫切地想向生活要一个答案,还是不能在等待某件事做成的道路上做到"宠辱不惊""闲看庭前花开花落",还是没有办法真正平和地接受生活给我的某一个不想要的结果,还是会难过、会痛苦、会崩溃,会想要逃避这一切。

但站在三十岁的路口,我也能无愧地对自己说一句:"这些年来,我无愧于自己,无愧于成长。"尽管偶尔我会懦弱,想打退堂鼓,在崩溃时脑中也冒出过很偏激的想法:想要一切就此毁灭,世界都毁灭该多好,这样我们就不用再面对那些难过的、悲伤的时刻了。

但是我身体里住着的那个自己,真的比我想象中的还要坚强。她积极地去自救,她会鼓励我出去多见朋友,多见那些会给我力量、会让我想法更加开阔的朋友;当我上完一天班,拖着疲惫的身体回到家,她会鼓励我打开瑜伽垫,不管我是不是真的喜欢运动,反正先运动完一小时再说;她拼命地抓住那些可能改变我生活的一切契机,如果我过生日想去拍公主写真,那她便会鼓励我去做,即使克服无数艰难险阻,我也要去完成;如果想去打卡某家咖啡店,她会鼓励我一定要去完成;她努力地把我从情绪旋涡中拽出来,督促我每天写下情绪日记,记录下今日的一切想法,无论好与坏。

三十岁的悲伤,是一场只与自己相关的小型地震,崩溃是真的,痛苦是真的,悲喜自度也是真的。悲伤过后,内心的那座房子如何崩塌,就要如何重建。我拾起一个又一个碎片,在拼凑的过程中也不忘总结经验、查漏补缺,之前跌进过的坑,后面能避免,还是要努力去避免。

这是属于三十岁女性的力量。

那个倔强、顽强的"她",是我的一部分,也是你们身体里的一部分。

"她"是我们与生活对抗的最后防线,"她"是平日被我们忽略,但其实已经刻在骨子里的东西,"她"叫坚强,叫勇敢,叫倔强,叫顽强,也叫"不死"的自己。

三十岁的我，在这里还是想说一句看上去很鸡汤的话：

我们的身体，我们的精神与意志，比我们想象中的要更加强大。只要你是真的想"活"，你就能"活"下去。只要你是真的想要"活得好"，你就一定能"活得好"。

而我能做的，要做的，就是相信我的身体，用好我的身体。

任外界纷扰，我决定幸福地活着。既然躲不掉那场手术，那便安排好工作，调整好心情，调理好身体，用饱满的精神状态去迎接那场手术；既然内心还有期待，那便带着这份期待与希冀前行，凑齐期待的事物到来的先决条件，然后等待美好发生；既然偶尔会崩溃，那便接受拥有这种性格的自己，去允许自己崩溃，去接受崩溃的自己，去一次次陪伴自己度过困境。作为一个写作者，我认为遇到困境，走出困境，在与困境交手过程中有所领悟，这些都是生命给我的恩赐。

我学着把发生的这一切，无论好的还是坏的，都当作生命的恩赐。生命一定是觉得我足够坚强，能够承受这一切，消解这一切，再将这一切记录下来，帮助更多经受同样困境的人，所以才允许这一切发生。

我不怨，也不怨，我选择接受一切发生。

我相信我的身体足够强壮，我的内心足够强大，我的脑子足够聪明，无论生活给我什么，我都能在这段长长的绳子上打一个漂亮的蝴蝶结。

我相信一切都来得及，只要我从此刻开始好好生活。

三十岁的我，没学会见招拆招，但幸运的是，我学会了自我更迭，学会了不管当下我多么崩溃，仍要保留一部分坚强，用保留的坚强打造一个"不死"的自己。我能哭着吃完一碗饭，我愿意在最沮丧时，一遍又一遍地去安慰自己，"你要相信，只要你保持积极，保持希望，总会有春暖花开的那一天"，我始终在努力地自救着。

　　致敬始终在人生路上努力自救着的我们。

关照内心，做一个鲜活的人

01

上周，我去找我们当地很有名的老中医看诊。他在我的脉搏上按了一会，看了眼我的舌苔，缓缓对我说：

"你肝火郁结，火气大得很，但脾胃又有点虚，脉象沉细。内在火气很大，但身体本身又没有那么强大，支撑不了你'烧'起来，一边想要烧起来，一边又烧不动，两股气互相撕扯着，不难受才怪了。"

而后，他感叹道："你还自觉自己身体平时很好，没有什么大碍，是如何撑到现在的？"

那日，他给我开了很多种中药，各式各样，主打一个滋养身体以及补气益气。当我拿着他开的药方，起身准备去药房交钱抓药时，老中医很认真地对我说：

"年轻人，要好好关照自己的身体。累了，就去休息；难过了，就去把情绪发泄出来；压力大，就哭一场好好地释放一下，不要总是强撑着。从中医角度来说，强撑着，是逆身体本能的一种做法，也是对自己身体的一种消耗。"

从诊室出来，我给朋友发消息：今年，我不想再去勉强自己做任何事。我不想再给自己灌十全大补鸡汤，逼自己再爬上一座又一座高峰。我想要遵从我的身体与内心，做一些细水长流的事情。

02

其实，这不是别人第一次跟我说"你要去听你身体在说什么""身体知道答案"了。只是在很长的一段时间里，我都疏忽了这一点。

两年前，我接受过大半年的心理咨询。那时，我还在读研，学业上写论文的焦虑，和导师关系的紧张，以及求职备考的压力，一下子压在身上，我无法动弹。

那日在心理咨询中心，当着咨询师的面，我崩溃大哭。等到我情绪平稳后，咨询师问我："刚刚为何大哭？"我说："我不知道，我就是感觉好委屈，好想哭。"

她继续问我，那究竟是怎样一种委屈。

我回答道："我不知道怎样形容这种委屈，我只知道一想到等会儿我走出这扇大门后，又要回归到我的生活中，面对不喜欢我、经常批评我的导师，去准备一场我也不知道能不能通过的考试，去求得一份我也不知道能不能拿到的 Offer，以及去看一篇又一篇我不想看但又不得不看的论文,我就会感觉胸口很闷,无法顺畅地呼吸,要很用力地吸气,才能把这口气吸到底。"

我说,我已经好久没有体验过那种松一口气、完全放松的感受了。

我以为我的咨询师会说一些话语来安慰我,抑或是鼓励我。但是她没有。

她只是看着我的眼睛说:"我们的身体有时比语言更诚实。你的身体已经在用它的方式跟你对话,它在告诉你,你当下的状态它很不喜欢,让它很不舒服,很难受。"

我最初选择心理咨询,只是想从对方那里获得几支强心剂,比如"你这种情况很正常,很多人都是这样过来的,你要更坚强地面对这一切""优秀的人,都能承受得住压力,他们甚至能几条线同时开始,并且做得很好",像大多数的鸡汤那样。

我并不太想听到别人告诉我,是的,你现在已经很难过了,你需要停下来休息。作为被"打"了三十年"鸡血"的东亚人,我已经习惯接受别人对我说"你已经是个大人了,你要坚强""你不能让人看扁,你要撑下去"这类"鼓励"的话。

所以,在听到我的咨询师跟我说"你确实累了"时,我本能地回应了一句:"可是,我身边很多人都是这种状态。而且,这种状态也并未影响到我的生活。"在这种状态下,我一样可以拿到全校最难拿的奖,我一样可以做好很多事。我并不觉得,我的内心世界有什么问题,我依旧积极,内心依旧充满正能量,依旧相信自己很有潜力。我来到这里,坐在这里,只是因为每次在我感受到这些压力时，我会有那么一点不开心。我会因为接下来要考试，而没办法愉快地度过原本该庆祝的周末；我会因为当下有很多事要做，而觉得压力有些大。但是即使我感受压力大，我做事的手也并不会因为这份压力而停搁下来；我会因为明日要考试、汇报，抑或是有其他重要的大事，而在前一夜很久很久不能入睡。

我说："我来这里，就是想问您一个问题，我是不是那种抗压力很弱的人？要不然我为什么没有办法像别人那样，可以兼顾好工作和生活。就算工作再忙、压力再大，应该玩的时候，依旧能当这份压力不存在一般去尽情地玩。"

听完我的自我陈述后，咨询师只问了我一个问题："你口中的那个能兼顾好生活与工作的'别人'是谁？"

她的这个问题把我问住了。

我认真思考了片刻后，说："我在网上看到很多人的自我呈现，他们就是这种生活、工作两不误的人，他们能够保持自律，保持平稳的心情，还能在高压环境中果敢、坚强地完成应该完成的事情，我想成为他们那样的人。"

她继续问我："你相信这个世界上，真的有这样的人吗？"

我迟疑片刻，而后吞吞吐吐回道："我不知道这世界是否真的存在这样的人，但我想要成为这样的人。我们不是总在说，相信什么就会成为什么吗？如果我自己都不相信，要如何知行合一地去成为呢？"

她并未跟我纠结这个话题，而是抛给我了另一个问题："你刚才在说'知行合一'，那么你觉得你的身体是否跟你的想法保持了一致呢？你有没有试着问一下你的身体，它想要过怎样的生活？"

她继续说："不着急，闭上眼睛，好好地问问你的身体，它现在最想做什么。"

片刻后，我睁开眼睛，缓缓对她说："我的身体说它好像很累，它很希望没有考试压力，没有求职压力，没有毕业压力，每天能睡足八小时，偶尔去爬个山，逛个公园，休养生息一番。"

在我说出那番话的瞬间，我找到了我想要的答案。

长期以来，我希望自己能够平衡好运动与忙碌的学业生活。我期望自己每天可以早起运动一个半小时，吃得健康，而后在图书馆高效地学习八小时。这是我对自己的生活要求。所以，当以上三件事中的任何一项我当日未完成，我都会不停指责自己不努力、不自律。

在那些我认为"不自律"日子里，我一度怀疑自己是不是真的没有运动细胞，所以才如此不热爱运动。我也曾否定过自己，是否自己跟"自律"这个词八竿子打不着，这辈子都无法做到真正的自律。我也曾焦虑，为什么每天晚上我一定要往嘴巴里塞一堆垃圾食品，尽管我并不饿，尽管每次吃完那些食物后的我更加焦虑，但是为什么我就是没办法控制住往嘴巴里塞垃圾食品的那只手。

我一直以为，我会焦虑、不安，只因为我的内心还不够强大。

但是那天在我了解完我身体的想法以后，我突然明白：长期以来，不是我内核不稳，不是我不够自律，也并不是我的抗压能力不够强。我会感觉到难过、紧张、失控、逃避，只是因为我的身体累了。我们的身体，它是会累的，它也是能够感觉到累的。

我们的身体，有时很坚强，有时也很脆弱，它也是需要休息的。

03

年少时，我的内心也不够坚定，喜欢与人较劲。一位女性朋友小颖说，她的男朋友家在哪里买了房，而后调侃我说："再优秀又如何，另一半再爱你如何，还不是在武汉没买房。"那时的我被气得不行，硬是憋着一口气，发誓一定要在武汉的中心地段，买一套属于我们的房子。

后来，我的确实现了我的愿望。在武汉的内环，最好的中心地段，买了一套属于我们的房子。甚至，当我签完购房合同那刻，我还故意将这份购房合同拍给了那位叫小颖的女性朋友，说了一句："我终于有了属于自己的房子，位置很好，是房产证上写有我名字的房子，是我拥有房产权和居住权的房子，而不是像某某某人的自己只能住一住的房子。"

小颖很快回我一句："内环的江景房，你们房价应该很高吧？"

我回了她一句"嗯"，我知道这一回是我赢了。然后我点开了她的微信头像，将她的微信设为了免打扰。自那以后我再也没有联系过她。甚至在我心里，她已经被我拉黑了，她再也不再是我的朋友了。

那份脆弱背后的争强好胜，不仅是因为"我不想输给她"，更是我恐惧去面对一个声音："我不值得。"

那段时间，为了有一个属于自己的房子，为了向小颖证明"我就是很值得"，我焦虑、不安，甚至郁结过很久。我甚至觉得，我身体器官上长出的小结节，很大程度上都是因为那段时间心情郁结而得来的。

因为我的另一半的职业缘故，他大部分时间都需要住在单位，加之，如果他以后晋升，不一定会继续留在武汉。所以，我另一半的父母，也就是我的公婆，他们有着自己的私心。他们不支持我们在武汉买房子，觉得买了房子更多是我在住，他们的儿子也住不了多久。尽管我和另一半已经结婚了，尽管我们夫妻相处得很好，但是人总是有私心的。在他们心里，我终究是一个外人，他们护的肯定是他们的儿子。对于这份私心，我能够理解。

虽然他们单位分了一套房子，我也可以选择去他们单位住，但那里离我上班的地方太远，而且终究不是属于我们自己的家。我有自己的执念，我坚持要在我工作单位的附近买一套房子。

曾有一段时间，这份执念让我内耗了很久。我一度内心十分不甘，明明公婆答应过我，等我工作稳定下来就在我工作单位附近买房，凭什么他们说话不算话？凭什么那些学历没有我好，工作没有我好，情商没有我高，没有我优秀，也未必比我好看的女孩，随便找一个普通的上班族结婚，都可以有一套属于自己的房子？而我究竟是哪里不配拥有一套属于自己的房子？凭什么我和我的另一半在一起,他的父母总觉得我要图他儿子什么?甚至他母亲起初还觉得我要骗他儿子,明明我的收入不比另一半低,我也拿我的真心去跟他交换真心,凭什么要被他们这般判定?

在那些时刻,我真的好委屈、好愤怒。在旁人眼中,我能够成为他们儿媳,该是多么幸运的事。但实际上也就那么回事,我有无数的辛酸与委屈。

甚至曾经有很长一段时间,每每想起另一半母亲的一些话,我都会被气得彻夜难眠,时常感觉有口气郁结于胸,久久无法呼出。

是从什么时候开始变好的呢?

是有一日,我的姐姐对我说:"不要去关注他父母说了什么,他们说什么,都跟你没关系。也不要再去掺和他们家的事情,不必再在他们家装作乖巧懂事的模样,你如何对待你的亲生父母,就如何对你的公公婆婆。跟他们相处时,不要再委屈自己的情绪,慢慢地,你的委屈感就会变少。以及,无论他父母许诺过你什么,都不要再听进心里,就当他们说的是在放屁。"

"他们再难搞,再麻烦,那也是他们儿子的事。他们插手不了你的生活,你也不要给他们机会插手你的生活,不要给他们扰乱你情绪的机会。你只要专注好你自己的事,关心你自己的父母,照顾好自己的父母,过好你自己的日子。"

那日,姐姐对我说:"别逞强,也别太自以为是。你没有你想象中的那般强大,在别人心中你也没有你想象中的那般重要。所以,看清楚自己的脆弱,远离他人的困扰,远离心魔,想办法过好自己的生活。"

后来的故事，就是我开始脚踏实地过好自己当下的生活，不去管他人想什么，也不向他人透漏自己别的想法，保持一定距离。

我试着跟我自己的父母说出了我的想法，我说："我想要属于我自己的房子。"

我的爸爸妈妈说："孩子，你放心。如果他们家真的不心疼你，那爸爸妈妈会心疼你。"那天晚上，我父母拿出家中所有的存款给我看，告诉我家中购买的理财产品及一些房产，清楚地告诉我家中所有财产金额，而后对我说："你大胆地去做你想做的事，别有压力，你想要的生活我们帮你实现。"

前几年，靠着写作和做自媒体，我挣到了一些钱。加上那几年我很节俭，一大部分都存起来了。如今想想，我真的很庆幸，那几年没有被消费主义冲昏了头脑，手上留足了现金。加上我父母的积蓄，足够我们在我所工作的武汉主城区买下一套房产。

所以那一日，我坦诚地跟另一半和他家人说："我的父母要给我买房了，我提前跟你们说一声。但是我要事先声明，这是我的个人财产，我会找律师做公证。当然，以后我们生育、养育小孩，也会用到这个房子，这里也是我和另一半的家。"潜台词很明显：这是我的房子，是我和我父母的家，也是我和另一半的家，其余不相干的人等禁止入内。

另一半的家人大抵也没想到过我的态度会如此强硬，而且确实有底气不靠他们买房，过上我想要的生活。当然，他们也并不想在一开始就把关系闹得太僵，于是他们妥协让步了。他的父母挑了一个周末，带了我们去看房、买房。当然，在我们新家里，也有我自己父母的资金支持。

尽管在旁人眼中，这件事的最终结果是"我赢了"，但在很长一段时间，每每有别人问起这套房子，提及他父母这些事，我依旧很郁闷，内心感到很不快乐。

所以那日，在签完购房合同后，我姐姐给我发了一条这样消息："你现在快乐了吗？"

我回复她："有点开心，但是好像也没有那么开心。"

我接着回复说："我从来没有想要赢过任何人，我只想拥有我想要的，可以简简单单实现的一切。但是，从来没有人愿意主动把那一切给我，他们逼着我只能一次次地变得'凶狠'，一次次地'锋芒毕露'，去自己争取到这一切。但是，当我自己真正得到这一切后，我又会开始自我怀疑，怀疑自己的做法会不会太凶狠、太激进。"

姐姐回我："这就是你在这件事里拧巴的地方了，既想得到你想要的，又不肯为了这一切必要时'龇牙咧嘴'。在动物世界里，百兽之王捕捉一头猎物，也需要努力追逐一番。要坦诚面对自己的欲望，以及自己的脆弱。

"你的欲望是，你想要的东西很多。

"你的脆弱是，你比你想象中的在意别人对你的看法。

"**你想要站着，体面地得到你想要的**。但是，既然你想要，就不要站着，偶尔低一低头，偶尔被人讨厌一下又有什么关系。

总不能什么便宜都让你一个人得了吧。"

"面对自己的脆弱",不仅是让我们要面对自己身体的脆弱,更是让我们要面对自己内心的脆弱。我们终究是俗人,会争强好胜,会心碎,会在意别人的眼光,会不甘心,会产生报复心,甚至在某些时刻会很想很想拥有某一样东西。

在我第一次直面自己内心的欲望时,我也曾经感到恐惧,甚至有些厌恶自己的那一副嘴脸,怎么会如此要强,如此的不体面,甚至会在内心里记仇。我不喜欢这样的自己,我拼命地指责这样的自己。

但在买房的这件事以后,我突然愿意接受这样的自己了。对呀,我就是这样一个有些自私,有些记仇,有些小心眼,甚至有时脾气也有些不好的人。即使这样的自己充满缺点,但是我也很庆幸自己是这样的人。像我这一类普通家庭成长的普通女孩,要自己足够心狠、足够干脆、足够拿得起放得下、足够有心气,才能不畏惧任何人和任何事,靠自己争取到想要的东西。

我们不能对自己"又当又立"。一边靠着强硬与狠劲得到想要的东西,一边又指责自己的强硬。

试着去当一个更加鲜活的人,有时倔强,有时脆弱,有时坚强,有时逃避。会流泪,心碎,崩溃,也始终有勇气从废墟里一次又一次地拉起自己的手,把自己从里面拽出来,走得远一点,再远一点。

04

二十岁出头时,我总爱写类似"你比想象中的更优秀、更强大"这种金句,来勉励自己坚持着,咬咬牙再往前冲一下。

如今我已经三十岁了,每天吃完饭,还要用杯子温一杯中药,捏住鼻子将苦涩的中药一饮而尽。在那些苦涩的当下,很多次我都想在纸上写下一句话:"你比想象中的更脆弱,更需要被好好关照"。

我不是想要泄年轻人的气,更不是想唱衰,只是在这三十年间与自己的相处中,我终于明白:我们有的时候比我们自己想象中的优秀,但是我们终究不是钢铁炼成的,我们是无法完全做到无坚不摧的。我们是实实在在的人,会累,会害怕,会恐惧,会焦虑不安,会想要停下来休息一会儿的人。

我们是脆弱的。

我们是可以脆弱的。

我们可以很坚强,很勇敢。但是这份坚强不是让我们做一个滴水不漏的大英雄,我们的目的从来不是做大英雄。我们要看到自己的坚强,同时也试着用那颗坚强的心去接受自己偶尔的蹩脚、不堪,脆弱与软弱,去接受自己偶尔的不完美。

做一个鲜活的人,有血有肉,有侠有义。

做无名小花，做快乐小狗

01

我的读者小可向我寻求一些人生建议。

她说："二十出头的我很焦虑，看着身边的朋友都陆续地恋爱、结婚、买房，而我毕业后的这几年好像没有丝毫长进，依旧单身，做着一份只能称得上勉强的工作，焦虑着自己的未来。"她很羡慕那些成熟的都市白领们的云淡风轻和睿智，但是好像不管自己如何努力，都始终没有办法修炼出好心态。

她问我："如何才能拥有实用的人生智慧？"

我问她："你想要的人生智慧具体指什么？"

她回答说："如何才能更从容、更淡然地面对生活抛来的一切。"

我笑了笑，回答："经历得多了，多吃些亏，多吃些苦，多踩几个让你觉得人生暗无天日的坑，再靠着自己的努力一步步地从坑里爬上来，多经历几次，久而久之，你就会懂得如何与生活相处。"

她问,有没有具体一些的方法,比如可以阅读哪些书籍,做哪些具体的事情,学一些有利于人际交往的情商学。实在不行的话,我也可以说几句能够安慰到她的"鸡汤",像其他博主那样说一些类似"你若盛开,蝴蝶自来""你不必着急,你想要的一切都在路上"之类的话,鼓励她一番,也比上面这段话要好。

我打趣她:"所以那些鸡汤话对你有改变作用吗?"

她不说话了。

我继续说:"让你多去经历和体验,多去感受生活的苦与乐,并不是指你做完我说的这些事后就一定能找到属于你自己的生活方法论。重要的从来不是方法论,而是你内心的想法。**当你在生活的大风大浪中感受过几次跌宕起伏后,还可以继续好好生活,你会更加真切地明白'也就那样'这四个字。**"

生活也就那样。一无所有的时候,有一无所有的烦恼;事业有成的时候,有事业有成的烦恼;单身的时候,焦虑自己遇不到所爱之人,有担心自己会孤独一辈子的烦恼;有爱人的时候,有处理一地鸡毛的家事的烦恼。

人生也就那样,总是好坏参半。功成名就后的岸上,不意味着永远的快乐;在岸的下面挣扎,也不代表以后不会有幸福的时光。

当经历多了以后,好日子和坏日子都多过上一阵,慢慢就会明白这样的道理,**我们这一生,浮也好,沉也罢,让你痛苦焦虑的不是别人,而是你自己内心的想法。**重要的不是你拿到什么样的牌，而是你如何打好手中的牌。

02

身边有一个叫优优的朋友，心态很不好，非常喜欢将自己与我们进行各种比较。

她早我两年工作，在得知我毕业找到工作后，每间隔一段时间就变着法子来问我的薪资待遇如何，工作环境如何，工作忙不忙。

等她从我口中了解完我的薪资待遇、工作环境，比她在网上了解到的情况好很多后，还特意跑来反问我："那你入职第一年，为什么不用担任某某某职务？为什么我师妹跟你在不同城市的相同单位，她说的工作环境与工作内容跟你所说的不一样？"

我想，一来她想要从我口中听到我过得不好，为她自己过得不好的生活找一些安慰；二来，她不相信为什么那么多人都会觉得工作很痛苦，而我却是一副云淡风轻的样子，是不是我在说谎。总之，她是不信我说的话的。

但，她信不信我说的话，对我来说并不重要。

我不想去跟她再解释什么，只在心里觉得好笑。即使是同一个单位、同样的职位，座位还相邻的同事，也会有人每天因为工作愁眉苦脸，也肯定会有人可以时不时从工作、生活中获得满足感。

每个人对工作的预期以及承载力都是不同的，每个人对生活的态度也都不一样。究其根源，让人痛苦的其实不是某一份工作，也不是某一个领导，而是每个人自己对工作、对生活的态度。

你如果问我工作忙不忙？也忙。

朋友优优问我这些问题的那一周，我的工作忙得焦头烂额。周六和周日跟家里人去了几个楼盘，看了几套房，周六晚上九点半我们还在售楼处与房地产销售谈买房事宜。好巧不巧的是，周五晚上我还接到了领导的电话，通知我下周二要做一个公开汇报，让我在周末准备一下。

有的时候真的应了那句话，很多时候你越忙，事情越多，生活就越会让你手忙脚乱。

那一周里我的各种事情都撞在了一起，要准备汇报资料，要抽出时间去做PPT，可是我分身乏术，只能趁着周日晚上回到家后，熬夜准备资料做PPT。

周一上班，处理本职工作的同时，我不仅还要继续完善PPT，而且要抽时间帮领导写一份原本不属于我工作范围内的新闻稿，仅仅因为我是新闻传播学专业的研究生，他们觉得我写的新闻稿会更专业。

周二上班，做完汇报，开了一个小会。周三上午，去参加区里的某个培训，培训完还要赶回单位继续下午的工作。周四上午，参加另一个距离单位更远的培训，培训过程中领导找我要一份资料，于是在培训快结束时，我又匆匆忙忙赶回单位。周五下午，又是一下午的会，还要写会议心得。甚至在次日的周六下午，还收到书记给我发的微信，询问我周日能不能来单位加班整理资料。

帮领导写不属于我工作范围的新闻稿的那个中午，同事们都去午休了，我却对着电脑继续敲字，你问我：委屈吗？一周五天，有三天时间我都要去外面参加各种会议，对于我这种最讨厌奔波的人，你问我：会觉得麻烦吗？在本该休息的周六，被书记通知周日去单位加班，你问我：会觉得厌烦吗？

我的回答是：会委屈，会麻烦，会觉得厌烦，但也没有那么多的委屈感、麻烦感与烦躁感。

我想起前段时间我跟朋友说："我们好像真的长大了，对于工作的忍耐力变强了，学会了过滤生活的不适感，对于情绪的掌控更加自如了。"

在那些时刻，我只有一个想法：这些都是我工作的一部分，工作总是有烦恼、有麻烦的。不必去厌烦，因为即使换了一份工作、换了一个领导，也总会面临诸多麻烦。所以只管去面对，去想办法巧妙地解决，没有必要因此生气，更无须因此产生不好的情绪。

我是一个将工作和生活分得很开的人，所以在需要为了完成领导安排的工作而加班的时候，我会安慰自己"中午不加班把工作做完，晚上也要带回家里继续做。既然如此，不如中午把工作努力做完，将下班后的时间留给自己"。

在需要频繁外出开会的工作日，我会宽慰自己，总是在办公室坐着也无趣，不如换个环境待一待，出去看看外面的世界，可能会感觉生活更加美好。当我无力改变现状时，我选择鼓励自己去积极面对。

在收到书记发来的消息时，我重新思考了自己周日这一天的安排，询问自己的内心："我周日到底想不想加班？"得出的答案是"我不想"。于是,我诚恳地跟书记发了一段消息,向她表明我周日有不得不去忙的事情,恐怕无法临时抽身。但是,我看了一下自己的工作安排,周一下午我空余的时间会比较多,询问她能否让我周一下午再去完成她需要我帮忙完成的这部分工作。

我不卷,也不躺,我选择四十五度角向上,为自己争取到我想要的生活姿势。

并非我一直遇到的都是让我没有烦恼的事情,烦恼总是有的,只是我选择将凡事往好的方向去想,努力去化解烦恼。这不仅是一种境界,也是一种生活智慧。

03

前几日,朋友张张给我发消息,说她跟男朋友分手了,对方出轨后被她发现。她当场就跟对方提了分手,拉黑了对方一切联系方式。

她来找我吐槽说:"我为这段关系付出了这么多,付出了金钱和精力,付出了爱,他怎么可以这样对我?"

她不甘心,凭什么她付出了一颗真心,换来的却是对方的背叛。

我静静地听她向我倾诉,等她说得差不多了,我看着她的眼睛,一字一句跟她说:"听我说,不管你多么的不甘心,不管你认为自己有多吃亏,不管你对这一切有多么生气,你一定要护好你心口的那口气,你一定要反反复复告诉自己没关系,就当生活帮我提前筛选了伴侣，幸好是现在发现了这一切，及时止损。不然等到结婚后再发现他的这些龌龊事，更亏。"

我跟她说："我不是在教你自欺欺人，我也不是教你故意麻痹自己，只是人的磁场就是如此运行的。当你一次次觉得自己吃亏了，当你一次次陷入埋怨为什么自己遇到这样的人，当你一遍又一遍呐喊凭什么我这么倒霉，当你给自己贴上负面能量的标签，接下来你就只会吸引越来越多的负面情绪。**当你越觉得自己倒霉，你就越有可能继续倒霉。**"

但是相反的是，当我们足够冷静，有足够能力清理好我们身边的负能量，当我们的内心向阳生长，当我们给予自己足够多的正面暗示，以此保证我们的磁场可以良性运行，也就越有可能吸引美好的东西。

很多时候，我们没有办法改变已经发生在我们身上的某些事情，但是可以通过改变我们的心态，改变我们的想法，去影响甚至改变事态的后续发展。这就是我们所说的"转念"。

念想，是一个人一切能量的开端。万事万物本没有具体属性，事物的意义多是我们赋予它们的，事物的属性多来自我们看待它们的角度。

事物的好坏，取决于我们的念想如何划分；生活的快乐与悲伤，也全看我们内心的念想是如何定义的。影响我们情绪及人生的并非事物本身，而是我们看待事物的角度。所以，也常有转念即转运的说法。

很多时候，让我们痛苦的是我们的想法。当我们改变自己的想法与念想，当我们试着换个角度看问题，往往会收获不一样的结果。

年少时，总爱放大身边的人对我们的影响，习惯性将自己的不快乐归结于身边的人、身边的事。在那些感到不快乐的时候，我们经常看一些修炼内心的文章，希望能获得内心的平静与淡然。但大多时候成效不大，旁人的一个眼神、动作，生活上的一个小变动，即刻就能打破我们内心的平静。那时的我们，还总是爱从自己身上找原因，是担心自己修炼不够，内心不够强大。

待到站在三十岁门槛，再回看这一切，我恍然大悟。一直以来，我们时不时被他人的情绪牵着鼻子走，不是因为我们内心的修炼不够，也不是因为旁人内心的修炼太强大。

长期以来，我们做不到宠辱不惊，不是因为别人对我们造成了影响，而是我们只关注到了一个事物不好的那一方面。如果总是寄希望于让自己心脏的壁膜变得更加坚硬，让自己脸皮再厚一点，让自己忍耐力再强一点，以此来抵御自己身边的不快乐，那是很难的。心脏会变得更强大，问题和困难也会随之升级。再坚强，再强大，也都是在忍耐，总会有一个瞬间让我们破防。忍耐终究不是长久之计。

那什么才是长久之计？

想清楚，**让我们痛苦的东西大多数时候跟旁人没有多大关系，让我们痛苦的是我们的想法，是我们看问题的视角。**当我们选择快乐的人生视角时，人生就会越来越快乐。当我们打算带着痛苦的滤镜看生活，看到的只有越来越多的悲伤。

正如我很喜欢的一段话说的那样：

"如何破人生的局？坏的不听不信，好的听且信，不幻想但是充满期待和憧憬，脑袋继续憧憬美好的事情，那么剧本会引导你走向你心里所想。"

只有当你憧憬美好，当你心怀美好，当你朝着美好的方向去努力，你才会慢慢地成为美好本身。

给时间时间，让过去过去，让开始开始

01

周日晚上，我收到工作上的信息，点开消息一看，果然又是件麻烦事。我耐着性子解决完这件麻烦事，关掉了对话框，周日晚上原本就因周一上班而有点烦闷的心情，因此变得更加郁闷。

我点开微信对话框，输入一段话发给朋友小冉，吐槽为什么一些在工作中遇到的人竟会如此奇葩。朋友小冉缓缓地发来这样的一句话："你下午才跟我说今天心情很好，怎么短短俩小时，情绪就变了天？"

小冉调侃我，说："你所谓的情绪稳定，你的强大内心，都去哪里了？"

我被她逗笑，回了一句："下午的心平气和是真的，此时的郁闷低沉也是真的。或许，我等凡人这辈子都没办法修炼出一颗宠辱不惊的内心，我们能做的只有尽量延长情绪的平稳期，尽可能让自己变得歇斯底里时不那么狰狞。"

二十几岁时,我总想修炼出一颗坚强无比的钻石心,既打不碎又敲不破,无坚不摧。等到我年近三十,终于不得不承认自己这辈子都修炼不出"对凡事无所谓"的慧根,自己终究只是个凡人,偶尔会为情所困,会因为不被他人喜欢而感到难过,会时不时感到莫名的情绪低落,会因为某件事情突然崩溃,会有很多个想哭、想发疯的瞬间,也会有对任何人、任何事提不起兴趣的颓丧时刻。我承认,也许我这辈子都没办法成为那种做事滴水不漏的、体面的大人。

所以,对于三十岁的我来说,比起让自己拥有一颗钻石心,我更希望自己能拥有一颗真实跳动的心脏,虽然脆弱,但是会用不同的频率高低起伏地跳动着,有兴奋的高峰值,也会有低谷值。但是,一切都没有关系,只要它能够在很长一段的时间线里,健康地、有规律地跳动着,就够了。

三十岁的我,终于不再苛刻地要求自己时刻保持着稳定的情绪。我允许自己成为一个人,成为一个真实的人。

02

犹记一年多以前,在那段很糟糕的日子里,我需要每周去跟咨询师聊上一个小时,让一个专业的人认真地倾听我的难过,然后耐心地安慰我,这样我才能将生活继续下去。

那段时间里,我一直在纠结"自己是否快乐"这件事,我陷入了"为什么我会因为别人的一句话、一个行为而感到不快乐""为什么我没有办法掌控自己的情绪""为什么我不能真正地做到情绪稳定"的旋涡。我把保持情绪稳定这件事看得太重要了。

我跟我的咨询师说:"每到夕阳下山的时候,我的内心都会觉得很难过,我就会忍不住钻进便利店,抱几瓶啤酒出来,坐在一个小凳子上把一瓶瓶啤酒喝完,而后晕乎乎地爬到床上睡去。等到第二日早晨六点的闹钟响起时,我依旧会爬起来,给自己泡一杯黑咖啡,铺开瑜伽垫,打开帕梅拉或刘畊宏的跳操视频,运动一个小时。然后去洗漱,吃早餐,过正常而又高效率的一天。"

我跟咨询师说:"每天白天我过得都足够自律、足够稳定,去学习、工作、写作、开会,做分享,每一件事我都能做得很好。但是,我好像就是没办法度过悲伤的黄昏时刻,我只能靠酒精,靠把自己灌醉,靠这种最简单粗暴的方式,让自己睡过去,以此不去感受黄昏时刻的悲伤与孤独。"

我的咨询师当时并未像其他人那般给我贴上"酒精依赖"的标签,她问了我一个问题:"如果黄昏时刻,你不去喝酒,不在醉后晕晕乎乎地入睡,会发生什么呢?"

我说:"我的内心会难受,会痛苦,会悲伤,会焦虑很多未知的事情。"

她又说:"你说得再具体一点,比如你在焦虑什么,又在悲伤什么。"

我说:"我早上八点就到了图书馆,一直坐到傍晚六点。在这十个小时里,我保持高度专注的这份自律及精力已消耗殆尽。

所以每到黄昏，我都会产生'我好累''我好想休息'的念头，但每当这种念头冒出时，我脑子里那个焦虑的小人会马上出来掐断，甚至会一遍遍责备自己'别人都在学习，你怎么能就此休息''快要考试了，你准备好了吗？就想去玩了''如果你此刻不努力学习，后面得不到想要的结果怎么办'。这份拉扯只会增加我的焦虑及内耗，但我不想去体验这份焦虑，也不想去感受'如果我搞砸了怎么办'的悲伤，可是我又想不到别的方法去面对这一切。唯有将自己灌醉，只有在酒精的作用下我才会原谅自己的每一次休息，因为这是最让我不会自责的方式。"

在那次心理咨询的最后，我的咨询师给了我一个建议：在下次咨询之前，至少允许自己悲伤一次，试着去感受一下所说的那种悲伤，并把自己悲伤时的感受完整地写下来。

03

在那次咨询后的很长一段时间里，我的咨询师都在做一件事：询问、倾听并关心我的每一次悲伤。

每次咨询开始前，她都会问我一句："最近过得怎么样，开心吗？"在听到我口中说到的难过时刻，她总是会直接问我："如果你最担心的事情真的发生了，你会怎么样？你的生活会怎么样？难过以后呢，你会做什么事？"

她引导着我一步步地去面对我的负面情绪，带着我一层层地揭开"悲伤"的真实面目，教导我试着去跟自己内心的悲伤相处，去允许自己悲伤，允许悲伤从自己的身上流过，允许自己去感受悲伤。最重要的是，去接受自己没那么坚强，去接受自己脆弱的一面，去正视自己的难过与悲伤。

在我向她咨询的最后一次，她很认真地对我说了一段话：

"其实，你的内心没有你想象中的那么强大。长期以来，它被你逼着去坚强、去勇敢、去无所畏惧。但其实，它也充满恐惧、不安、焦虑、悲伤，它不知道怎么跟悲伤、难过相处，悲伤、难过、焦虑都是不好的情绪，所以当悲伤来临时，你选择了酒精，选择用醉酒的方式避开与悲伤去正面交锋。

"但是，我们是真实的人，是会开心，会难过，会喜悦，也会悲伤的活生生的人。没有人会永远快乐，也没有人永远得体，你不必过分苛责自己，也不必过分追逐所谓的情绪稳定。像允许自己快乐一样，允许自己偶尔的难过与伤心。

"在下次难过来临时，也不必刻意做些什么。你要做的很简单，在感受到那股情绪来临时，去察觉它，而后寻常地对它说一句'好久不见，你又来了呀'。而后就静静地陪着内在的那个小孩，允许它害怕，允许它恐惧，允许它不安，去让自己的内心知道'没关系，不管发生什么，我会一直陪着你的'，直到情绪的退去。"

我的心理咨询师还跟我说："没有人能一直保持积极、正面、阳光，也没有人会一直情绪低沉，你要试着让自己的情绪多一些弹性，给自己的生活多一些喘息的空间。学着给自己力量，学着自己成为自己的力量。"

这是在十八岁之后,第一次有人这么认真地倾听和关注我的悲伤,也是第一次有人正式地告诉我:"没关系,你不必一直坚强,也不必一直积极乐观。"

04

在这为期一年的心理咨询里,我一直在学习这样一个课题:在无时无刻不在影响我们情绪变动的现实社会,我要如何与我的内心相处。

我不再喜欢"拥有一颗强大的内心"这个说法,现代人都太高估了"强大内心"的功效,认为拥有一颗钢筋都戳不穿的内心,人生就真的能够所向披靡。但其实不是这样的。

比起强大的内心,我们更需要的是一颗"有弹性的内心"。可以心碎、可以悲伤、可以感觉孤独、可以崩溃、可以偶尔不用那么坚强,也可以有自暴自弃对人生提不起兴趣的时刻,这些都没有关系,这些情绪也都是正常的。陷入低谷不可怕,重要的是不管此刻所在的谷底有多深,总有某个瞬间、某个时刻会打动我们的内心,我们的内心总会燃起爱、燃起希望、燃起憧憬、燃起想要好好生活的念头,然后一点点地回到自己想要的状态。

我们要做的就是,看到自己内在的可能性及韧性。

近来,我总会收到读者的留言,他们的话语中充满着对学业、生活、工作、就业及未来的焦虑,他们想要从我这里寻求到一丝安慰。更有读者直接问我，如何才能拥有稳定的心态。

可是，如今的我对生活没有那么着急，大多数的时候我对很多事的态度都很平淡。开心时就笑一笑，难过时就沉默几分钟，然后应该做什么事就照旧去做。但是我对生活的态度越来越稳定，不是因为我终于拥有了强大的心脏。是因为在与自己内心相处的过程中，我慢慢地有了更加弹性的心态：

不管此刻我的情绪是否陷入了低谷，不管此刻多想自暴自弃，我的内心都不会害怕自己会就此沉沦，更不会责备自己。因为我很清楚，岁月还很漫长，我们的心脏充满了韧性与可能性，所以偶尔状态不好也没关系，我们只需要给它时间去经历、去感受、去调整，等到某一日，它真正休息好了，待它重新感受到爱与希望，待它想清楚后，它自然会重振旗鼓，带我们更好地走上未来未知的路。

喧嚣世界的内心通用成长法则，也无非是在与生活的一次次交手中，去学会了解自己内心情绪的晴雨表。在状态低迷时，就去蛰伏，去多做积累；在状态好时，就大步赶路。尊重自己内心情绪的规律，在心情该休息时，就允许它休息；在该努力奋进时，就抓住奋进的每一次机会。

我很喜欢在网上看到的这样一句话：

"生活本身还是最像在河里游泳，一边逆流而上一边随波逐流，一边抵抗向下的重力，一边享受水的浮力。日常看情况保持体力和节奏，适合向上向前的时候猛游几下，就是好水性。"

聪明的水手都懂得顺势而为，该保持体力时，就保持好体力，在适合向前时猛游几下。

　　愿我们都能成为生活这条大河中的好水手，懂得规律，利用规律。

去生活，去犯错，去跌倒，去胜利

01

好友小苏是大学老师，带的一个硕士研究生今年马上就要毕业了，那天她给我发了一条消息，问能否将我的微信推给她的学生，她的学生想要找我咨询报考我们单位的相关事项，我痛快地应允了。

后面很长一段时间，我都耐心回复好友小苏的这名学生发来的问题。那日，招聘公告出来时，我将链接转发给她，好友的这名研究生如同糊汤米酒般给我发来这样一段话：

"我发现，结构化面试需要准备的话术模板都好长，背着很吃力，我现在就只背下来了一两个，真的好难背啊，我想问您一下有没有更简单的应试技巧。"

其实早在半年前，我就把所有的应试方法与建议全部分享给了她，再难的话术也早就应该可以背得滚瓜烂熟。此时，距离考试不足半个月，她问我"要备考的内容太长，有没有更简单的方法"。

或许是因为怒其不争，或许是实在看不得这句话，所以我当时很刻薄地回了她一句：

"如果你觉得要记忆的内容很多，很麻烦，其实你可以不用背的，因为没有人逼你一定要背。甚至，你还可以不参加这场考试，也没有任何人逼你去做这件事。你可以很轻松地度过这几个月。你觉得难背的资料，总会有人背下来。你要搞清楚，不是这份工作需要你，而是你需要这份工作。"

末了，我又很严肃地回了她一句："如果你总觉得你是为了某些人而做出改变、做出努力，心存委屈，那么我建议你趁早另谋出路，节约时间。起心动念，起心不对，很难做成一件事的。"

在人世间谋生，我们要搞明白自己为什么决定做这件事，我们是为了谁才决定做这件事，我们的动机是什么，我们的目的是什么。

重要的是，弄清我们的起心。

02

那一日，群里有个姐妹口出狂言，惹得我和另一个朋友小野不快。几分钟后，她开始在群里"发疯"，大意是自己工作很辛苦，很委屈，有很多不愉快的时刻。字里行间埋怨我们不仅不去理解她，不去安慰她，反倒因为她说的话生气。我们看到后都没有回应她。

过了片刻，她又暗暗发了条社交动态，说："当我努力保持情绪稳定的时候,当我对每个人都笑脸相迎的时候,当我受了委屈还暗示自己要保持冷静的时候,我就已经疯了。"

朋友小野截图发给我,配了这样一行字:"可能她工作上真的有很多委屈。"

我回道:"所以呢?是我们逼着她去受这份委屈的吗?她挣的工资是给我们了吗?还是她在替我们打工?抑或是她升职加薪的好处分给我们了?我真的很讨厌这种'又当又立'的人,好处自己都占了,还要跑出来卖惨、发疯。"

小野说:"她跟我们不一样,这么多年来,她一路走得都比较顺,没吃过什么苦,一直需要人捧着,所以承受力可能差一点。尤其这两年,看到我的工作、生活都比她好,她大概心里更是不舒服。其实,我们也只是比较幸运,人生际遇比她好一点而已。"

我答:"这不就是典型的会哭的孩子有糖吃吗?但是,我不想惯着她。谁的工作不辛苦,谁的生活不艰难,谁又不是在拼命地努力生活。真要卖惨,我的辛苦说出来不比她的少。但是我从不觉得自己惨,因为我付出后,得到了更多。这背后的艰难与煎熬,再辛苦,再委屈,我也会默默吞到自己肚子里。因为我知道,我所做的努力,我所做的改变,都只是为了我自己。"

而不是快要年近三十了,依旧捧着自己那颗脆弱的自尊心,理直气壮觉得"我弱我有理",觉着自己最辛苦、最可怜,觉着所有人都应该让着自己、体谅自己。

是啊,"最可怜""最委屈""最辛苦"的名头,我们没有必要去跟她抢,她想要,那便拿去。可是,即便这些名头都给她了,又如何呢？

她依旧不会满意的。她只会一边在那自怜，觉得自己付出了那么多努力，有那么多委屈，一边眼巴巴羡慕别人所拥有的一切。

像她这样的人，是看不得别人过得好的。

别人过得越好，她们越痛苦。她们越痛苦，越觉得自己委屈。越委屈，自己就越痛苦，就这样循环着。

03

小野说："好歹相识一场，何不干脆指点她几句？"

我摇头说："我不要，我是叫不醒一个装睡的人的。"

最近几年，我不愿意再在生活中好为人师，我十分珍惜自己的能量。除非是关系特别好的朋友，我才会时不时地提醒对方几句。大多数时候，当我看到生活中的某人执迷不悟时，如果对方不主动开口向我寻求帮助，我是绝对不会主动去告诉他有哪里做得不好，应该如何如何去转念改变的。

我很清楚，自身的能量是很宝贵的。如果对方领情，我向他输出观点时本身也是能量外泄的一个过程，为了维持自身的能量平衡，我需要积攒更多的能量。如果对方不领情，选择一通纠缠，甚至指责我"不体谅他"，更是消耗能量。

说我自私也好，太过自我也罢，无论别人如何看我，我都没有关系。

所以这个问题又回到了最初的话题："你为什么决定做某件事？""为什么决定不做某件事？""你的起心动念是什么？"

我的回答从未变过："一切的改变只是为了我自己。"

对于朋友的研究生说出的那番话，我选择去"刻薄"地反驳，其实是为了我自己。看到她的那番话，我很不舒服，内心充斥着表达欲，想要将它表达出来，否则我只会因为她那番话反复去问自己："这世上怎会有如此拎不清的人？"

此时，我的一吐为快是为了获得当时内心的舒坦与愉悦。

群里姐妹的那番话，我选择了沉默，也是为了我自己。我向来不喜欢把自己摆在一个高高在上的位置，既然她觉着自己付出了那么多，觉着自己最委屈，觉着其他人都是占了生活的大便宜，那便让她就这么觉着好了。我不愿意拉一个见不得我好，每天偷偷查看我的社交平台，再偷偷跑去买我社交账号晒出的同款的人。

此时，我选择尊重他人命运，放下助人情节。因为我选择接纳那个没有那么无私、偶尔有些记仇、偶尔有些锋芒的自己。

我选择不做一个绝对善良的人。

04

那一日，小程序里有一个叫性格泡泡的小游戏，将链接转发给自己的好友，好友可以为你选三个能够描述你的词语。可选的词语很多，有"硬核少女""快乐憨憨""治愈""灵魂有趣""人生赢家""有点特别""甜妹",等等。

我将小程序转发给了较为亲密的几个好友,她们很默契地都给我选了一个标签"人生赢家",而她们给我选择第二多的标签则是"硬核少女"。

我问其中的一个朋友:"你们为何都给我选'人生赢家''硬核少女'?"

她回我:"因为你就是我们眼中的'人生赢家',爱情、工作、生活三丰收。"

我笑哈哈回了她一句:"其实我也有烦恼的,只是我不会说出来。因为我觉得那些其实都不算事。"

她回我:"这也是我很喜欢你性格的一个地方,买定离手,一旦选择以后就坚定自己的选择,不怨,不怒,去接受,去改善。"

我笑着回了一句:"这都被你看穿了,但是我承认,这的确是我的一大特点。"

近五年来我所做的所有决定,都是遵从我内心的真实想法,都是我自己心甘情愿去做的。

我选择了自己的恋人,选择了自己的另一半,我也很清楚在一段婚姻里,肯定有一方需要多付出一些,当然我更明白在大多数家庭里,女性是那个付出多一些的人。所以在走进婚姻之前,我便想明白了这一切。

所以,我从未不切实际幻想过自己能够成为婚姻里的公主,对方可以时刻宠着我、哄着我。大家都是成年人,既然彼此选择让对方成为自己的人生路上的合作伙伴,那就谁也不要偷懒,共同进行家庭分工，花心思去经营好这个家庭。我们的婚姻生活不养闲人，双方都需要付出。

我很清楚自己想要什么样的婚姻关系。所以我从未羡慕过哪个女生说家务全都老公做，自己可以十指不沾阳春水。我的另一半有自己还称得上不错的事业，我不需要他做一个完美的家庭主夫。他只需要做好自己的工作，家务如果我心情好就自己做，我不想做也可以去求助我的父母，让他们偶尔来帮忙，实在不行还可以找阿姨来打扫。

同理，我的另一半也清楚我也有自己的事业，我经常跟他说我本身是不爱做家务的，所以大多数时候他也十分能够理解我。下班回到家后，我想躺着就躺着，想睡到几点就几点，不想做家务就可以不做，不想做饭就出去吃或者点外卖。时不时抱着电脑，去咖啡厅写稿，一待就待上一天，晚上离开时从咖啡厅带些小点心回去，他都可以开开心心地接受。同时，他也给予我极大的自由。

我也能够坦然承认，虽然我自认是"独立女性"，但是我在家里也做饭、洗衣、拖地，打扫卫生，不过，做家务并不影响我成为我自己，做这些时我也不会觉得委屈。因为我所做的一切改变都是为了我自己，是为了让我自己的家里保持干净、整洁、舒适，为了让自己能够吃上想吃的饭菜，也是为了承担在婚姻里我应该负起的这部分责任。

再者，本来我的志向也并非在婚姻里成为公主，我想要成为能与对方并肩作战，一起上阵杀敌，互相保护对方的战友。

以上我所做的这些事情都只为了自己身心舒服，那便开开心心去做。

至于工作,那是我努力了好久,从几百个人中脱颖而出才获得的机会。

你问我辛苦吗,当然辛苦。

但你问我委屈吗,不委屈。

我时常对现在的这份工作充满感激,在充斥着压力的社会背景下,还有这样一份称得上不错的工作,让我能挣到足以养活自己的碎银,让我能够维持着体面,顺便可以实现一些社会价值。我很感恩的同时,也很知足。

我不会在肩颈不适、腰酸背疼时,抱怨我的这份工作。做人不能只得好处,一点亏都不肯吃。我深知生活给我们的每一份礼物,在暗地里都标上了价格。生活给我们的每一份工作,也都暗中标上了需要我们付出的代价,比如这些职业病。既然没有人可以躲得过,那便学着去接受。

接受,不等于忍受,更不等于怨怒。肩颈不适,便加强运动锻炼,闲时适当拉伸。再不济,也可以定期预约中医按摩,借助外物之力,帮助自己的身体减缓不适。

不去抱怨我们的工作,不去因工作不顺而烦闷,不去因工作辛苦而委屈。因为这是我们自己选择的路,这是我们自己选择的人生,我们要学着为自己的选择负责。

真正的聪慧是不去叫喊委屈,而是要去拥有全身心投入自己想要的人生的那种勇气和野心,同时保证能对自己负全部的责任。

要去做一个能对自己人生负责的人。

记得前几年,我跟一位很有智慧的作家聊天,她对我说了这样一番话:

"无论是工作、婚姻,抑或是生活,都不需要有委屈感,也不要给自己积攒委屈。所以你觉得委屈的,都需要自己去弥补,弥补完以后,就让自己活成一个小太阳,你就会发现你想要的一切都有了。"

让自己活成一个完整的人,想要的自己给,亏欠的自己弥补,学会给自己的人生挣一个圆满结局。

人生的圆满,是自己给的。

CHAPTER_2

在市井中放风，和小情绪握手

反正我不入局，任何事都不入局

01

同事的女儿与我年龄相仿，那天，她问了我一些问题，是关于婚姻的。

她问："现在女性大多不愿意走入婚姻，为何你这般干脆地就结了婚？"

我回答道："坦白说，我并未做过一辈子都不结婚的决定。在我心中，始终是相信爱的，我需要一段亲密关系，需要一个好的爱人。所以，在碰到那个合适且我也喜欢的人，我就考虑结婚了。"

她又向我倾诉："我女儿迟迟不想谈恋爱，我跟她聊过恋爱婚姻相关话题，她每次都回我这样一句'结婚可麻烦了，又不只是两个人的事，更是两个家庭的事，我一想到结婚后可能会存在的婆媳矛盾就头大'。"她问我："你是如何看待婆媳矛盾这件事的？"

我回答道："**人与人之间交往都是相互的，相互尊重，相互理解，相互支持**。我并不是一个贤良淑德的儿媳，但霸道、不讲理这两个词也与我没有关系，我顶多算是善恶共存吧。大部分时候我善良，能听得进话，但关键时候我也受不得委屈，会翻脸的。

"所以我一般不怕这方面产生的人际矛盾。**与人相处，通常对方尊重我、理解我，我都可以很好地与对方相处。即使遇人不淑，也有翻脸走人的底气。**我不会主动去欺负别人，但是我也不会被人欺负。幸运的是，另一半的家人都对我很好，彼此暂时没有遇到矛盾。"

同事继续问我："那你是如何拥有这份底气的呢？我平时跟你相处，感觉你身上有一种'无畏'的气质。"

我思考片刻，回答道：

"我是家中的独生女，尽管我的父母思想会有些传统，但他们对我百分之百疼爱。所以我不缺爱，也不需要去讨好任何人、从他处获得更多的爱，旁人喜不喜欢我、认不认可我，于我而言，这些都不重要。

"我的学历是我背了一本本专业书，看完一页页论文，通过一场场考试，听过无数次批评与否定，承受着无数的压力，写完论文顺利通过答辩后获得的。我清楚地知道它是怎么得来的，我清楚我的能力、我的水平到哪里，所以我不会因为随便一个人的一句话、一个眼神而崩塌。

"我的工作是我跟几百个人竞争后得到的。是我堂堂正正，不倚靠任何人，也没有走任何关系或后门，是我自己替自己争取来的。这是属于我的体面，也是我的经济底气，是我即使离开任何人，也可以好好活下去的底气。

"除此之外,我还有属于自己的作品,有自己丰盈的精神世界,还有一批支持我的读者。读者的这份喜欢给了我足够多的勇气,让我敢于直视那些为难我的眼睛,敢于争取我自己想要的事物,敢于在自己遭遇不公对待时反抗,敢于直率地说出自己真正的想法。

"因为我得来的一切没有倚仗过任何人,所以谁也没任何资格去要求我做什么,也没有资格否定我什么。"

我回答完,同事问了我最后一个问题:"你说,年轻女孩应如何培养自己的'不怕'气质?"

答:"反正任何事我都不入局,但我也并不害怕入局。"

反正我也不介意会发生什么。

因为我有足够的底气。

02

前几日,在网上看到这样一个求助帖子,一个女孩这样问道:自己的闺密总喜欢跟自己比较,眼睛总盯着她拥有的东西去比较,后来甚至跟她比老公、比工作,比谁生活得更幸福。她对此感到十分厌烦,来询问网友应该如何解决。

网友在评论区纷纷给她出谋划策。有网友批评她心眼也不大,不然为什么总觉着闺密在跟她比较,说明她心里其实也在跟闺密暗暗较劲;有网友建议她直接跟闺密说开,说明白朋友之间不应该暗自比较；还有网友建议她理解一下闺密，毕竟是一起长大的，看着你事事顺遂，她心里不舒服也是能理解的……

看完女孩的描述，我的心里只有一个想法：**谁爱比较，谁去比较，反正我不入局**。这谁比谁过得好的人生游戏，我是坚决不参与的。只要我不参与，谁都不会比到我身上。

我身边也有女孩所描述的那类朋友，有那么一段时间里，微博只要开通高级会员，就可以查看每天访问过你微博主页的人。我自认为我也是一个微博大V，这波热闹我也是要凑一下的。于是那一日，我便开通了一个月的微博高级会员。

我发现在那一个月里，无论哪天我发微博，还是隔好几天不发微博，总有一个熟悉的女性朋友访问我的微博主页。不评论，也不点赞，只是每日默默来看我的微博，雷打不动，风雨无阻。

有一天，我觉得这样实在无趣，便把她每日访问我主页的截图发给了我们的另一个朋友，说："她简直比暗恋我的人还关心我，每日雷打不动，一定要来我的主页溜达一圈。"

朋友回道："你没发现吗，你在社交平台发的照片里的衣服，她都去买了同款。我前几日看她发了一条动态，她穿的衣服跟你之前照片里的那件一模一样。"

朋友又说："她应该非常羡慕你的生活，虽然我们十年前就认识，那时我们境况都差不多。但十年后的今天，你的工作是她想要但却没得到的，你还那么有才华，另一半也对你好。所以，她自然会每日关注着你，暗地里去模仿你。"

朋友问我："被身边的朋友如此关注，被她暗自地比较，甚至偷偷地嫉妒你,你应该很生气吧?"

倒是不生气。

或者说,我觉得没关系,这些对我而言都不重要。

我本就是博主,无论是我发的微博吸引到了旁人反复阅读,还是我这个人能够让旁人产生好奇,都能说明在互联网上"文长长"这个IP做得还是不错的。

重要的是,无论她怎么折腾,无论她怎么暗自与我较劲,这场"谁比谁厉害"的游戏,我都不会入局,我是不会陪她玩的。

你若问我:这般放肆,不怕失去朋友吗?

我只能回答,比起失去朋友,我更怕失去自己。比起费心与每个人都相处得愉快,让自己不委屈这件事更重要。

反正我这个人就是这样的,事事都要以自己的感受优先。凡事先考虑自己的感受,如果自己尚有余力,再去对他人施善。

所以,回到最开始的问题,如何培养"不怕"的气质?

我的回答就是:反正我不入局,任何事都不入局。

无论是朋友,还是闺密,拉我玩谁比谁厉害的游戏,对不起,我不奉陪。但如果他们依旧要跟我比,那便由他们去吧,反正费的是他们的精力与时间。我心情好一些的时候,就在社交平台上多分享一些生活动态,让他们知道我过得很好。心情不好的时候,就拉黑他们的社交账号,设置权限让他们禁止查看我的微博。**总之,我不想参与你们的游戏,但如果你们想要来到我的地盘主动找我玩,那没问题,我的地盘我做主。**至于要不要给你们看,那就是我的自由了。

反正，这场游戏的最后，着急的人肯定不是我。

既然主动权在自己手里，为什么要怕被比较，更没有必要为此焦虑。

不入局，把握住自己的主动权，任外面风吹雨打，都与我无关。 心情好时，打开窗户，看看外面的热闹，和外面分享一下生活的岁月静好。心情不好，窗户关起来，眼睛闭起来，耳朵关起来，谁都别想打扰我们内心的清净，喝茶、写字、看书，独自美好。

此谓进退都是有趣的人生。

让我"不怕"的底层逻辑就是，比起害怕让别人不开心，我更害怕让自己不开心。

03

如果你问，总有一些避无可避的时刻，总得入局，怎么办？

我会这样回答，既然推不掉，那便大大方方地做个局内人。

只是，局内人可以做，但切记不可当局者迷。此时，应保持这样的一个心态：扰我心者，不可留；乱我智者，远离之。必要时，再保持一定的心狠与果敢，去尊重并保护好自己的感受。

那年，研究生备考时，我父母反复跟我说："那么多人考研，你从小就不是一个多么聪明的人，恐怕很难考上，还不如抓紧时间找个班上。"

那时还不流行所谓的"断亲"，我也没有办法置之不理，毕竟那是我最亲的父母。但是我也坚信，他们所谓的为我好，并不一定是对的。这是我自己的人生，我必须对自己负责。

所以，在感受到父母的想法影响到我的备考状态时，我果断而干脆地跟他们说了很决绝的话："你们可以不支持我，没关系，我也并不需要你们给予我任何经济或精神上的支持。如果你们实在看不惯坚持考研的我，我可以消失在你们眼前，每个月我会固定给你们寄一笔生活费，当作我对你们这么多年养育之恩的报答，今后我就不会再回这个家了，是你们逼我走的。还有另一个选择，你们可以不支持我，但是不管我做什么，只要我不偷、不抢、不违背道德、不违反法律，不管你们多么看不惯我的行为，也请忽略我，允许我成为我自己。当然，我不会给你们为我的人生投票的权利，我也不会伸手向你们要一分钱，我的人生由我自己负责。"

我的父母选了后者。

于是有了此时能在文章里理直气壮地说"想要上名校，就自己去认真学习，努力考试；想要好的人生，就咬紧牙，拼了命也要挤上自己想要的那条人生之路"的我。

其实，这样的时刻还有很多。

在我面临着毕业季，也就是压力最大那年，我爸妈天天在我耳边嘀咕着"你不是认识谁谁谁，你去找谁谁谁帮忙，让他帮你介绍工作""那谁谁谁不是说要给你介绍工作吗，怎么关键时候不给力？你去给他打电话，去问他"，他们潜意识里觉得靠自己找工作很难，总要找个人帮忙才行。并且他们只会用言语给我传递焦虑，并不能帮我解决实质性问题。

我心里很清楚的一点是：在人世间谋生，除了血缘至亲，没人会真的费力去帮你。与其寄希望让别人帮自己，倒不如自己给自己争口气。

说句再难听点的话，也许对于一辈子生活在小城市的父母来说，某些人很厉害，但在我的视角来看，我并不觉得我爸妈口中的"关系户"真的有能力可以帮我找一份还不错的工作。

于是，矛盾产生了。父母觉得我死要面子，不肯找人开口。我觉得他们脑中的那个关系社会早就变了，他们说的那条路早已走不通。对于那段时间找工作压力很大的我而言，每次听到他们口中说出的那句"让你找谁谁谁帮忙，你不去"，我就会感到很委屈。我的父母不仅不能像别人的父母那样为孩子分忧解难，给我毫无保留的支持，还一次次给我施压，一次次用言语否定我的努力，好似我的努力一点也没用，只有他们眼中的"关系户"有用。这让我十分难受，他们不了解实际情况，还在那试图插手，给我传递负面情绪，让我每次跟他们通完电话都心情极差。

我深知，如果一个人努力地想朝上爬，但他身边的至亲之人不理解，一次次给予他负面的能量及反馈，不仅会拖慢他前行的速度，还会影响他前进的状态。所以，在我状态最差时，我既生气，又足够冷静地跟我父母说了这么一段话：

"你们一直否定我，一直当着我的面说别人不是答应了帮我找工作，如今却不上心这件事，到底有什么用？是否定我，让我心态崩溃，我的竞争对手会给你酬劳，还是你们吐槽几句别人，念叨几句别人比我厉害，我想要的 Offer 就会出现在眼前？你们一顿负能量输出，不仅自己捞不到一分钱好处，还会影响我的状态，影响我的心情，何必呢？

"而且，我要和你们说清楚，现在是我人生的关键节点，我每天的压力都很大，如果你们不能帮我分忧，那就至少安静地去做你们自己的事，不要来影响我，我也不需要你们的任何关心，你们的身体健康就是对我最大的帮助。

"而且，说句很现实的话，如果我没有拿到想要的Offer，我过不好当下的生活，我心情不好，那我以后肯定是没有多余的精力去照顾你们的。如果我没找到心仪的工作，我自己的日子都难熬，也没有办法给你们多少经济上的帮助。我没有办法让你们过上好日子。

"所以，你们想清楚，是默默支持我、配合我，劲儿往一处使，还是在那里添油加醋让我心里不舒服。"

我知道，也许有些人看到这些话，会觉得那时的我好自私，怎么可以跟父母说这样的话。曾经有很长一段时间，我为了自己耳边的清净，一次次被迫跟我父母说狠话，这让我很难过、很自责，我也曾怀疑过自己是不是真的很差劲，要不然怎么会对父母至亲这般没耐心。

但是，后来我原谅自己了。

对于我们这样的小镇姑娘，在成长过程中，如果没有一点"坏"，没有一些狠心，没有一些坚决与果敢，是很难走到这里的。

如果我们不"自私"一点，不"自我"一点，我们就很难冲破父母思维的束缚，丢掉父母从小给我们灌输的"面子"思维，不要在意别人是否理解我们、支持我们、喜欢我们做的这些事，去没心没肺但又非常勇敢地去做我们祖辈不敢做的一些事，去取得一些我们祖辈没办法取得的成绩。

你若问当时的我：怕过吗？怕父母生气，怕自己说的是大话。

我用自己的行动回答了这个问题。我没怕过，因为比起怕父母生气，比起怕自己失败，我更怕因为自己怕父母生气、怕自己失败而畏畏缩缩、丢掉信心、搞乱心态，继而搞砸自己的人生。

在那种情况下，我来不及思考别人是怎么想的，也来不及考虑旁人的心情。

我来不及害怕。

因为我只有一个想法：我要怎么把这件事做成，我要怎么把这件事做好。只要结果是好的，即使过程可能有些糟糕，会得罪一些人，再坎坷也没关系。

04

二十来岁时，我曾经写过"底气来源"。那时我写的是，一个人最大的底气来自经济独立，当一个人不再手心朝上，能够自给自足，买想买的东西不看任何人脸色时，就能获得真正的自信。

但是当我三十岁以后，我在人生海海中沉浮几回，发现虽然那几袋碎银子的确会给我们一些生活的底气，但是那份底气也只够应付一些小事。在一些更重要的事情面前，碎银也不能真正成为底气的来源。

假设一下，你年届三十，身边的人都陆续走入婚姻殿堂，而你始终一个人，尽管你早已实现经济独立，但在听到父母说"你不趁着现在年轻，赶紧谈恋爱、结婚，等过上两年，好的对象都被挑走了，恐怕更难找到心仪的另一半"时，你也会害怕吧？害怕父母一语成谶，害怕自己真的会孤独终老，害怕在时间的作用下，自己容颜衰老，生育能力下降。夜深人静时，你也会问自己：我究竟要怎么办，是将就，还是继续等待？

你考研四年，年年落榜，为了上岸，这些年你也没有做什么正经工作，看着身边的人都找到了属于自己的那个格子间，而你就像与这个世界格格不入一般，还在不停地挣扎，感到难受、痛苦。身边一定会有人劝你，算了吧，放下吧，趁着自己还年轻，容易找工作，赶紧找个班上，不然以后只会越来越难。但考过研的人都清楚，一旦动了考研的念头，要么上岸，要么就是永远的心结。那些考了好几年才上岸的经验帖，哪个不是内心一边充满希望，一边充满焦虑与恐慌？当看到今年再次失败的考试结果时，你也会一遍遍问自己：我真的还要继续吗？

你已婚未育，此时正面临自己的职业发展期，如果抓住机会，拼搏两三年，你的职业生涯就能再上一个新的台阶，说不定还有机会跻身管理层。但是，如果你这两年不考虑生育，婆家可能有意见，娘家也可能有不满。你很担心，拼搏两三年后，自己年岁稍长，身体状况也会变差，还能像此时这样容易生育吗，毕竟当今社会下多的是因为压力大生育困难的年轻人。看着朋友圈又有同龄人今日诞下宝宝,你很矛盾地问着自己,家庭和事业,我到底应该选择哪个?

你问我,在那些没有办法翻脸走人,没有办法去讲道理,没有办法拆开那团名为"生活"裹在一起的毛线团时,该如何拥有生活的底气,又该如何拥有"不怕"的底气?

在走到人生的岔路口时,我们究竟要怎么才能从容地做出选择?有很长一段时间,我都被这个问题困扰过。

那时我的心中,这个选择题的答案是有对错的。我认为二选一的时刻,只有一个是正确的选项。而我们要把那个正确选项选出来,是一件很艰难的事情。

那我又是什么时候想通的呢?

是后来有一日,我又拿到了二选一的人生选择题,当我左右为难时,正巧路边有一家体彩店,朋友便拉我走了进去。她跟我说,你去买一张,如果中奖了,哪怕只中了一块钱,也要选A;反之如果没中奖,那便选B。

那时,我看着旁边有一个女性,买了一张又一张的刮刮乐,一张一张地刮开,均显示未中奖。在那个瞬间,我豁然开朗。

在人生的那些二选一路口,并不存在完全正确的一条路,也不存在完全错误的一条路。也许就像买彩票一样,你刮开一张,发现中奖了,刮开另一张,仍然中奖了。也许两条路,都可以通往你想要的人生。但也许两条路,怎么选择都是错误的。就像那名买彩票的女性,刮开一张没中奖,刮开另一张,仍然显示"谢谢惠顾"。

当我们不再觉得二选一路口只有一个正确选项时，这道题的答案便解出来了。

当我们坚定，二选一的 A 项和 B 项，都有机会带领我们走向我们想要的人生；当我们相信，不管我们此刻怎么选，只要我们好好地选择了，只要我们买定离手后认真地朝着那个正确答案的方向奔跑，真诚地向生活许愿，我们都能过上想要的生活。

有朝一日，当我们明白一个道理，那就是我们当下的每个决定都很重要，但是也没有那么重要。当我们做出选择时深思熟虑，坚信即使事情看起来马上要走向坏结局，我也一定会想办法让它变成好结局，完全相信并支持自己做出的每一个决定，那么你就拥有了不怕的底气。

因为你很清楚，无论发生什么，你都是有能力、有心力，下定决心去为你的选择保驾护航的，直到选择的那艘小船到达人生彼岸。既然结果一定会是好结局，那么无论过程中发生什么都没有关系。

当你不再介意你的生活接下来会发生什么，你就什么都不会怕。

因为你很清楚，无论生活发生什么，无论生活朝你泼冷水还是开水，最终你都一定会实现你的目标。

当你足够坚定，你便无坚不摧。

当你不再害怕，也就没什么能再让你感到恐惧的。

害怕，是一种感受；不害怕，也是一种感受；焦虑，是一种感受；不焦虑，也是一种感受。

你选择哪一种感受，就过哪一种人生。

稳定内核，在人生海海里尽兴开怀

01

前几日，专栏编辑发来约稿消息，她说，我是她认识的人中心态非常稳定的那类人，无论是学业、生活、感情，还是工作，都能处理得很好，让一切都在有序的范围内进行。她希望我能够在文章里分享一下"女性如何修炼好心态"的相关经验。

听完她说的，我笑着回复她："承蒙抬爱，但我必须得跟你说一句实话，我不是传统意义上那种'宠辱不惊''情绪绝对稳定'的好心态达人。在某一些时刻，我也会'慌'，也会'乱'，也会'急'。只是以往的经历让我一次又一次看见了自己的力量，相信自己的能量。我知道自己有几斤几两，能活成什么模样。所以面对发生在我身上的事，我会把它当成一回事，但又不会把它当成多严重的一回事。任他风吹雨打，我都会过好自己的生活。

"换句话说，我给自己设定的框架比较大，我的底层逻辑盘很稳固,所以**大多数时候我都能豁得出去,不怕失去、不怕搞砸**,反而能更落落大方地放开手脚,去更好地完成自己的事。"

我说完后,专栏编辑说:"你的内核真的非常稳定。那这周专栏就谈一谈如何保持内核稳定吧。"

02

二十岁出头时,我也曾活得毛毛躁躁,也曾经无脑爱上过某个人。那时,我过分地在意对方的一举一动,在对方晚回消息的那一分钟里,我能在脑中上演无数个"他是不是不爱我"的小剧场情景。当时的我一整颗心寄挂在对方身上,所有的情绪都能被对方轻而易举牵动,与现在很多陷入爱情里的年轻女性是一样的。

现在想想,那时的自己内心是充满"怕"的,怕他不爱我,怕失去,怕分开,怕在感情的这场游戏里输的人是我,怕我离开他后很难再遇到像他这么好的人,更怕离开他以后自己的人生会过得更加糟糕。

越是怕失去,越容易束手束脚,小心翼翼,反而露了怯,失去了自己的主动权。

那我是从什么时候开始觉醒的呢?

是当我发现,在这段感情里的我并不快乐,我不喜欢把一颗心寄居在别人身上,这种任人掌控的感觉,太令我感到失控了。

是当我开始自己挣钱以后，眼睛都不眨一下地买下自己想要的东西时；是当我在瑜伽室看到那个年近五十却十分优雅年轻的阿姨时；是我在旅行路上遇到那个一个人去攀岩、跳伞、做义工……把生活过得丰富多彩且快乐的独立女性时；是当我努力复习备考，考上心仪的名校后；是当我站在更高的平台上，认识了更优秀、品质更好的同行人后；是当我发现我自己也可以很好地完成一件事时。

　　在那些时候，我慢慢地意识到，我作为女性可以去主动争取，可以大方地接近自己想爱的人，但是我们没有必要去追一匹让我们感到很累、很疲惫的"马"，不如就地种花、种草，种出一片属于我们的草原，到时马儿、蝶儿都会自己来的。

　　没必要爱得那么疲惫，如果一段感情已经开始让你不舒服，那说明这段关系已经不能再匹配你的生活。

　　内核稳定在爱情里的表现是：我们对自己感到非常的自信，自我认可度非常高，以及确定自己是一个足够好的爱人。所以很多时候，我不再害怕失去，也不再反复质疑对方是不是不爱我，更不介意在这段关系里是对方赢得多，还是我赢得多。这些其实都是小事，因为我们心里很清楚，越扭捏才会越容易失去，而那些不在意输赢的人，往往才能赢到最后。

　　我们要做的就是，不去成为那个先着急的人。

　　当你韬光养晦后再努力发光，何患遇不到那个真正欣赏你的人。

03

一直以来，我都非常认可一段话：

"常常在熬不住的时候，也想找个靠山靠一下，可怎么着都会发现，有的山长满荆棘，有的山全是野兽，所以你应该是自己的那座山。"

很多年轻女性，在看到这段话时，会将之理解为：男人大多不靠谱，所以我们要自己努力，自己才是最靠谱的。这个理解无可厚非，在我没有走进婚姻之前，看到类似的话，也会这般理解。

但当我真正走进婚姻，成了某个人的妻子，回看这番话时，则会更多地把重点放在"你应该成为自己的那座山"上。无论是另一半靠不靠谱，还是婚姻关系或感情关系有多么易变，都与很多的客观原因无关。

自己要成为自己的那座山的最根本原因，从来不应该是某个男人、某段婚姻，甚至某一段关系。

很多时候，我们选择独立，选择成长，选择成为自己的靠山，只为了让自己更加自由地活着。

你的内心精神世界和物质世界有多么独立，有多么自由，你的内核就会有多么稳定。

当你有一份不错的收入，有一份体面且稳定的工作，有能够负担自己日常开销的经济能力，有一个稳定的社交圈，你就不需要再额外拿出精力去为男人会不会离开你，生活会不会因此而变得糟糕，人生会不会失控这些事而焦虑。

旁人的情绪，也就很难再影响你。

因为人性就是如此。当你内心富足时，你就拥有了一片海洋，即使失去了一杯水，也没有多大的关系。只有当你活得贫瘠，一共就只有一杯水时，失去一杯水，才会有天塌了的感觉。

事实上，在我们平时的生活圈子里，大多数与我们相关的人或事有多稳定，我们的内核就会有多稳定。

内核稳定，需要一定经济基础和精神基础作支撑。

经济基础和精神基础的稳定，是由我们自己去修炼的。

04

我现在很少再被旁人情绪所影响，用我朋友的话来说，我的人际交往原则既简单又粗暴：那些让我不爽的人，希望他们有多远就走多远，对方要是不走，那我就自己"滚"，让自己"滚"得离对方远远的。总之一句话，那些碍我眼的人，我就不会再跟他一起玩了。

当然，在某一些必要的时刻，有一些人是切切实实没有办法彻底远离的，比如令人讨厌的同事、要求严格的领导，以及某些必要但不想去做的社交联系。在那些时刻，我的原则是：尊重他们，按原则、程序办好事，带上一个好的态度，尽力做好我们能做的事。

如果这些事情我们都做完了，对方还是对我"不满"，那便只能将一切归纳为：我已经做了我能做的，如果他们依旧生气、依旧为难我、不满我，那只能说明是他们没有搞定自己的情绪。我何必非要因为别人没有办法安置好自己的情绪，而在那里自我消耗，何必因为别人的错，来惩罚自己？

其实，我很清楚我这辈子不可能被所有人喜欢，而我的人生目标也没有要被所有人喜欢这一项。当我想通了这一点后，很多事情都会变得简单。工作中，我该低头时就低头，该示弱时就示弱，只是一份工作而已，何必非要与谁为敌？我愿意在工作中灵活变通一些，让自己过得稍微舒服一些。别人的评价与议论，他们爱说便说，我懒得去自证，懒得去辩解，不想听的时候，捂住耳朵让自己走远，也并不是非要与他们做朋友。

想通这一点后，会减少很多内耗，少费很多心力，生活会变得轻松很多。

当我在这些无关紧要的事情上少耗费心力后，我可以留出更多的精力，放在自己心中更重要的事情上，比如坚持运动，坚持健康饮食，坚持早睡，坚持每日阅读，坚持写周记，坚持每天做手账，坚持去做一些更能滋养我的事情，去坚持，去挣扎，去死死地守住底线，去打好持久战。以及在这些过程中，去锻炼，去养成美好的品质，去看见并相信自己的力量。

在自我滋养这件事上花费的时间多了以后，慢慢地就能养育更健康、更强大的内心，也更有抵御风险的勇气和底气。

久而久之，不仅心态会变得更加平和，更加有韧性，我们的世界观、人生观、价值观也会悄然改变。我们会慢慢看见自己、相信自己、理解自己、拥抱自己。

05

前几日我和朋友聊天，在聊及女性的生存处境时，我们同样谈论到"内核稳定"这件事。

对于女性而言，我们究竟要如何过好这一生？

"女孩子找个好男人嫁了就行"的传统观点，在现在这个飞速发展的社会早已行不通。如今，女性不再有一蹴而就的生存方法。

我身边很多女性，无论是二十岁、三十岁、四十岁、五十岁，还是六十岁，终其一生，她们都在努力地自我修炼。

年轻时，修炼如何在爱情里拥有不患得患失的好心态，学着如何去爱一个人，学着如何在感情里保持自我。

三十岁时，学习如何经营婚姻，如何平衡婚姻与事业，如何与转瞬而过的时间赛跑，如何在一地鸡毛中保持良好的心态，尽量不让自己的情绪影响到工作与家庭。

四十岁时，伴随着中年危机而到来的婚姻危机，又是一个需要我们去面对的课题。如何守护自己的婚姻，如何面对身旁躺着的伴侣，如何去接受人生已经过去了一半，也许自己这一生也就这样了的失落，如何在"攀比家庭、攀比老公、攀比孩子、攀比身材、攀比谁的婚姻更幸福"的中年女性话题中守住内心那杆秤，不让它失去平衡。

五十岁、六十岁时，要去学习，学习养生、中医之道，学习如何慢慢接受自己即将面临的退休生活，学习在孩子不再像以前那样需要自己后如何找回自己的生活，过好自己接下来的人生，当独自面对自己的内心时，不时会冒出来一些想法，学会去一次次地抚平它们。

有时觉得，作为女性，要在这场与时间赛跑、与自己对抗、与生活一次次碰撞的没有硝烟的战役中，一次又一次地生存下来，真的是一件很需要智慧的事。

它需要生活的勇气，需要爱人的能力，需要经营婚姻的智慧，需要强大的内心，需要面对纷繁复杂，却依旧愿意在生活这场牌桌上继续玩下去的决心，需要相信自己只要玩下去就总能扳回一局的韧劲与魄力。

而这所有的品质和能力，都可以归结为一个词：内核稳定。

当你的内核足够稳定，你就会无惧得失、不怕挑战，你不会去介意当下会不会被爱、会不会被理解。你会按照内心节奏平稳地走下去，去一点点打下自己的"江山"，去在一次次战斗中积累经验，在一次次焦虑中学会应对焦虑的办法，就这样一直走下去，走到春花烂漫，走到最后把人生活成"万物不为我所有，万物皆为我所赋能"的样子。

你最终一定会漂亮、从容、美好，自在地过完这一生。

生活拍了拍你说：大胆去做，没关系的

01

前几日，我和博士师兄吃饭，大家在饭桌上都调侃他心态好，即使延毕也丝毫影响不了他的心情。但是，无论大家如何调侃，师兄都是一副"管旁人说啥，我自开心夹菜喝酒"的状态。我知道，他不是假装淡定，他是真的不在意耳旁穿梭而过的声音。

中途我端着酒杯去跟博士师兄敬酒，恰逢师兄旁边座位空着，干脆坐下跟他多聊了几句。我向来是藏不住话的，所以非常诚恳且直接地问了师兄一个我好奇很久的问题："看着与你一同入校读博的人已经毕业了，而你还在为毕业论文挣扎，真的不会焦虑吗？"我承认这是一个很俗套的问题。因此当我向师兄抛出这个问题时，预想过师兄可能会给我一个比较普遍的回答。

出乎意料的是，面对我的坦诚与直接，师兄也给了我一个极其直率的回答。

他看着我的眼睛认真地说："我关闭了朋友圈，屏蔽了你们

所有人的状态,不去了解朋友们的人生进度,也就没机会拿着自己当下的人生与他们进行比较了。我只需要管好自己这一亩三分地,播种好论文的种子,等待收获季节的到来,何来的焦虑?"

然后,师兄端起酒杯,饮下一杯酒,缓缓对我说:"很多时候,你越在意什么,越容易被什么控制,也越容易陷入被动的境地。适当地去屏蔽一些东西,摆脱他人与他人生活的控制,减少不必要的情绪开支,更能清楚自己所需所要,亦可更专注做想做之事。"

在人世间谋生,想要活得简单、自洽、自在、轻盈,需要我们拥有一些屏蔽力。

02

年轻时,我的一双眼睛总爱盯着别人的生活。看到别人出去旅游,去见山、见海、见世界,我会羡慕;看到别人拥有幸福的爱情,契合的伴侣,甜蜜的生活,会暗地里想"她真好命,我也想要如此这般的幸福";看到别人在朋友圈里分享近期又翻越了哪座人生大山,又推进了百分之多少的人生进度,就会开始对还在原地打转,摸索人生出路的那个差劲的自己发难,会彻夜失眠,会焦虑不安。

那种只看得见别人的生活,每日羡慕别人人生的日子,我也经历过。

我也曾因为与别人的人生比较,内心失衡过、自卑过、沮丧过。

曾经在很多个翻来覆去睡不着的深夜,一遍遍对自己发难"你为什么这么差劲""你为什么不能像别人那样,拥有一个看起来能够让人羡慕的人生";也曾一遍遍抱怨过生活"凭什么对我这么不公平,感情、生活、工作、学业,你好歹得让我占一样";也曾有过一段痛苦的日子,说来有些丢人,在那段时间里,我经常看不得别人好,每次看到别人过得好,我心里都会很难受、很焦虑。

后来,我走了很远很远的路,翻越了很多座别人眼中看起来很难翻越的山,在与生活的硬碰硬中,我一次又一次地存活下来,也一次又一次看到自己的力量。也是在那个时候,我才明白,为什么自己这一路走得比别人更辛苦,遇到了更多的艰难险阻。长久以来,我都太在意别人的生活,被他人的生活所控制,内心总是被他人的一举一动所牵绊,所以忘了去看见自己,忘了真正地去关心自己的生活。

我在与生活的一次次交手中,也渐渐悟出了"别人的生活,未必如所见般美好;我的生活,也未必如所想般不堪"这个道理。如果终日带着心理负担与复杂想法,我们的旅途是走不远的。能走远的人,都是轻装上阵的人。我们被太多的情绪所牵绊,只会让我们变得束手束脚。只有身心轻盈,才能更加"杀伐果断"。

于是,我学着去看见自己,学着屏蔽旁人的生活。忙时低头赶路,闲时赏花赏月,看祖国的大好河山,感受大自然的魅力,去过好自己的生活。

03

人是环境动物，容易受到磁场影响，也容易受旁人的眼光、评价、情绪所干扰。

面对别人的否定，我会陷入自我怀疑，我会摇摆、会情绪波动，会觉得内心非常杂乱且烦躁，我认为这些被影响的情绪都是正常的。

一直以来，我都是一个很不喜欢情绪被外物扰乱的人，所以我慢慢地养成了一个非常"自我"的习惯：当遇到困扰、自我能量非常低时，我不会随意去告诉别人我所遇到的困扰，而是把一切暂时都藏在心里，自行去翻阅资料、去阅读、去运动、去休息，在日常中一点一点恢复自己的能量，进而慢慢地清楚自己当下的真实想法。

身边有一些人不太理解我的做法，他们觉得遇到困难时，就应该说出来，给别人一个能够帮助自己的机会。

但或许是因为我"懦弱"，又或许是因为我不够"坚定"，也不够"勇敢"。在我下定决心一定要做某件事却遇到困难后，旁人的那句否定可能会动摇我原本的决心与信念。所以我干脆选择屏蔽那部分声音，自己给自己做好心理建设，去想办法看到困难中的可能性，去度过难关，对自己负责。我不敢赌，所以在那些时刻，我毫无理由地选择站在自己这一边，自己去成为那个能够拯救自己的人。

我认为我们的人生越往后走，越需要保留一部分只属于自己的信念与坚持，这部分信念与坚持是不需要轻易开口与人谈论的。

因为当我们把这部分信念与坚持拿出来时，就等于给予了别人一个评价我们的机会。无论别人是支持我们，还是否定我们，他们的想法或是言论都会影响这部分信念与坚持的纯洁性，甚至会动摇这份信念。**每一次动摇，每一份杂质的混入，都需要我们消耗很多能量去应对，去重建。**

而我需要保护自己的情绪。保证自己拥有足够充沛的精力，让自己能在关键时刻以更饱满的状态去争取，去获得。

04

我经常会收到下面这种类型的私信，比如"领导不喜欢我怎么办，会不会给我穿小鞋""我总在感情里患得患失，担心对方会喜欢别人""身边某个人说了一句很伤人的话，我耿耿于怀，真的很难过""学业考试、压力好大，我真的很害怕考差、搞砸，心态真的很不好""我真的很焦虑，会不会突然有一天我就失业了""我真的很不喜欢现在的生活，也不喜欢现在的人际圈，每天面对那群人，我都快抑郁了"……

不安、焦虑、不确定性充斥着当下每一个人的生活，每个人的心里都在所难免地会感到焦虑、不安。

那么该如何应对呢？

以上这些问题，我也曾经问过我的心理咨询师。当时，她反问了我这样一个问题:"如果这些东西让你感到快乐,那你会不会丢掉呢?如果丢掉了会怎么样呢?会有什么样的后果吗?"

这是在很长一段时间的咨询中,她问过我最多的问题。她从来不会直接告诉我该怎么做,更多的时候,她会用一连串的反问句,让我正视自己的欲望,正视自己内心的懦弱与胆怯。

而在这一次又一次的反问中,我内心深处的某个观念变得慢慢明晰。其实我们本来就不需要带着那么多的害怕与不安去赶路,那些害怕与不安对我们做好当下这件事情毫无益处。所以去做一个勇敢的人,当断则断,主动屏蔽一些不必要的负面情绪,砍掉多余的担心。好好赶路,专注自己,不要操之过急,不要对未知的未来过分焦虑,把当下人生的每一步走好、走稳。

我的咨询师告诉我,在那些负面情绪爆棚的时刻,我们要学着去屏蔽它们。在不让它们扰乱我们心绪的同时,也要学着去修复自己。允许情绪有所波动,去倾听我们的身体想要给我们传递什么东西,去安慰内心住着的那个小女孩,拉着她的手,安静地陪她一会,让她知道"不管发生什么,你都会在她身边",让她不要害怕、不要恐惧,不要排斥会感到害怕的自己。

"屏蔽力"不是不管他人、自我地活一辈子,那样做是自私。"屏蔽力"是在清楚自己想要什么以后,选择保护好自己的能量,不将任何人视为对手,只专注于自己。明白自己喜欢什么,自己想干什么,自己想得到什么。去看见自己、选择自己、放过自己、接纳自己、修复自己、看重自己、成为自己,不疾不徐,在自我实现的同时也能把积极正面的情绪传给别人。

正如杨绛在《一百岁感言》中提到的"我们曾如此期盼外界的认可，到最后才知道：世界是自己的，与他人毫无关系"，对于我们而言自己才是一切的核心，我们要做的就是把注意力百分百集中在你要达成的目标上，而不是你所臆想的恐惧的事情中。**世界越复杂，越要学会去简化自己。摆脱他人的控制，摆脱不必要的依赖，保持内心的宁静，拥有一个不会轻易被他人影响的人生。**

只管向前，一切都是最好的安排

01

上周单位组织全身体检，有些结果马上就能拿到，比如身体是否有结节、结石，是否存在增生。我向来自认为身体非常好，所以当医生跟我说甲状腺存在一个大约 3 毫米的小结节时，我很意外。

我惊讶地问医生："我每年都体检，从未检查出过甲状腺的问题，更何况今年年初我还做过更加详细且严格的入职体检，都是没问题的。"

医生回我："彩超结果显示得很清楚，确实有一个大约 3 毫米的小结节。甲状腺对你的情绪变动很敏感，通常压力大、心情郁结、情绪不好才容易形成结节"，她又问我，"这大半年来，压力是不是很大？情绪是不是经常不好？"

我没有回答她，笑了笑问道："接下来我有什么需要注意的吗？"

她回我:"好好吃饭、好好休息,多运动、多笑笑,保持心情愉悦。情绪好了,结节自己消失也是有可能的。"

体检结束后回单位的路上,我跟朋友讲了自己的体检结果。我的朋友回我:"你怎么会有这么大压力?我一直感觉你还好。"

我笑了笑回她:"我一直处在生活的修罗场之中,只是我内心在努力往那片桃花源靠近,所以才没有被吞噬。"

02

那日,我突然想起去年师兄对我说过的一句话。他说:"比起你的性格,我更喜欢另外一个师妹的性格。她每次都勇敢去追求自己真正想做的课题,即便被导师百般为难,她也依旧选择坚持。不像你明明不喜欢导师给你的课题,但是也不反抗,只会忍耐着。"

对于师兄对我的这番评价,我没有辩解,也没有想要为自己解释。我只笑着看着他,回问他一句:"是吗?"

我想,在那时的他心中,我应该是一个没有自我的胆小鬼吧。

其实,当时的情况是这样的。研究生毕业论文,导师希望我们可以做他的课题,为他的课题添砖加瓦。就学术的角度而言,导师的想法是可以理解的,学生研究老师的课题理所应当。只是,导师的研究方向更加枯燥、乏味,且泡在史料中研读、探索,也很艰难。

师门的其他同门大多数不愿意按照导师的研究方向写毕业论

文，奈何导师是说一不二的，在毕业论文研究方向这件事上，他一般容不得学生讨价还价。如果有学生跟他说想做别的课题，他轻易是不会答应的。一般学生得磨他大半年，从开始准备毕业论文开题，磨到毕业论文开题上报的截止日期，磨到再不答应学生就要延毕了，他才会同意学生研究自己想研究的方向，让学生放手去做。而且在这大半年里，还要经受他不断的否定、质疑、打击、不赞成。

所以，我们师门向来钦佩那些敢于和导师去对抗，且对抗成功的人。对于大家而言，能和导师正面对抗，能够始终坚持做自己想要做的事，才是真正的勇士。

而向来性格刚硬的我，这次偏偏没有选择去做叛逆的"勇士"。

我没有选择去跟他对抗，而是选择顺势而为，选择做一个"投他所好"的人。

我的想法很简单，既然我很清楚导师的性格，清楚他希望我们做什么，也清楚以往跟他对抗的师兄与师姐所走的漫长道路，固然那些师兄师姐很值得敬佩，但我不希望自己在这件事上浪费过多心力。我希望能够快速确定选题，尽快写完论文初稿，这样在剩下的时间里，我就可以专注备考，把时间花费在更重要的事情上。

所以，在这件事情上，我选择了放弃"抵抗"，接受导师安排的课题。我选择在导师熟悉的领域深耕下去，花上足够的时间、精力，谦虚地去请教他，寻求他的帮助，尽可能在短时间里，获得他对我论文的肯定，以此为自己争取更多的自由备考时间。

与我同时一起毕业的同门,她如何也不愿意做导师研究的课题,对开题不怎么上心,然后搞砸了开题。于是在接下来的大半年里,在我能够自由、自主地钻进图书馆去做除了论文以外更重要的事时,她在论文里吃了无数的苦,无数次地哭,无数次地被导师否定。

我承认,在这件事上,我"投机取巧"了。

所以我不能得了便宜还卖乖,不能在师兄评价我不像同门那样具有反抗精神时,自作聪明地回他"顺势而为,也是一种智慧",这我实在说不出口。

唯有闭嘴,默默把那个"你不如她有反抗精神"的标签咽下去。

03

这时,可能有人会问:"既然好处已经都占了,那还有什么苦的?"

苦吗?也苦。

写论文的苦,丝毫没有因为我的"顺势而为"减少半分。为了尽快把论文定下来,整个暑假我都没能去放松一下身心,我看着朋友圈的同学们分享着去新疆、三亚等地的旅游照片,而我窝在图书馆啃着那一本又一本厚厚的古籍。

我给自己定了一个每天要写多少字的目标,但有时真的又困又累。身体支撑不住时,只能将一杯又一杯咖啡往肚子里面灌。

后来，咖啡喝多了，咖啡因也没有办法再让我提神了，我就在晚上十二点去睡觉，再给自己定一个凌晨三点的闹钟，闹钟响起，爬起来继续看，继续写。总之，想尽一切办法，提高自己每一天的效率，完成这一天的计划。

压力大吗？也大。在学术上，我的导师向来严格，甚至称得上苛刻，他并不会因为我决定要做他的研究方向，对我降低标准。他依旧会否定我，会批评我，会不断地去质疑我，甚至他会不留情面地对我说："你再不努力，我就会怀疑你是不是能力不行，是否需要延毕了。一旦延毕，我就不会把这么好的选题方向给你做了。"无论博士研究生，还是硕士研究生，我们最怕听到的就是"延毕"二字。所以在很长一段时间里，我都感觉胸口像结结实实地压着一块石头，无论如何也搬不开。

不怕大家笑话，在研三那年，我和先生决定去民政局领结婚证。在领证前一晚，我还定了一个凌晨四点的闹钟起来写论文。我把当天要找的参考资料都找齐了，发到导师邮箱，才敢去和我的先生领证。

可能有人会质疑，如果压力真的这般大，你为什么还会选择在这种时间去结婚领证，导师们不是向来最不喜欢自己的学生在读书期间结婚吗？这说来也挺可笑的，我领证、结婚都是偷偷背着导师进行的。

直到我毕业论文答辩通过后，我才跟导师坦白，在毕业季期间我领证结婚了。导师还惊讶地问我："你的毕业压力这么大，还要准备找工作，参加各种体制内的招聘考试，甚至在这期间还出了一本书，你居然还能抽出时间，挪出精力去领证、办婚礼？"

我调侃着回道："老师，您可能不知道，做您学生的这三年我真的好辛苦。我平均每天都只能睡四五个小时，才能应对好这一切。"

导师看着我很认真地说："老师相信你这三年真的过得很辛苦，如果不是具有超常的精力，是很难在这三年里出了两本书，领证结婚，还能按时顺利毕业的。做我的学生，想要不延期毕业，是很困难的一件事。"

后来在我毕业后，同门的小师妹们时不时会给我发消息，跟我倾诉毕业压力多么大，找工作多么艰难。

那一日，小师妹问了我这样一个问题："师姐，我真的很好奇，你去年是怎么像会影分身一样，同时抓好毕业、工作、婚姻这三件事的，你有什么好的方法，可以跟我分享一下吗？"

看到这个问题的那刻，我哭笑不得。我认真思考了几分钟，缓缓敲出几行字，回道："当时，我并未过多思考我是否能兼顾这些事。我心中从始至终只有一个想法，那就是顺利毕业，找到一份称心如意的工作，然后跟想要共度一生的爱人，一起努力过好我们的生活。从头到尾，我都不是为了毕业、工作，抑或是结婚分别单独努力，我是在为我今后的生活在努力。"

我是在为构建我想要的生活而努力。我多写几页论文，定稿的时间就可以再早一点；我多看几页书，多做几套题，考试的分就能多得一些，我可能就拥有理想的工作了；在该写论文时，我高效地写，在该准备考试时，我认真地学，争取早一点完成每天的学习任务，我也就能多抽出时间来陪我的另一半。

我很清楚一件事，我此刻的一言一行、一举一动，影响、决定着我未来的生活、工作，以及幸福程度。现在的我是在为自己未来的生活及幸福而努力。

04

所以，你问我：是如何忍受这份同时做这么多件事的痛苦的？

我会回答：我只觉这一路很辛苦，但我从来不觉得痛苦。

即使是现在，我摸着我并未察觉到任何异常但确实存在结节的甲状腺，你问我：后悔之前那么辛苦吗？

我的答案依旧是，我的未来由我的现在构建，跟已发生且不能更改的过去没有多大关系。此刻，我只需要好好睡觉，照顾好情绪，吃得健康，美好的未来自会发生。

年少时，我喜欢怼天怼地，喜欢与一切对抗，以此显示自己的能耐。如今我长大了，比起对抗，更喜欢"借势"。既然今天的这股风朝南吹，那我今日便朝着南边放风筝，既然要放风筝，那么便不如省点力气，让风筝飞得再高一些吧。

所以，正如之前那次一样，这次我依旧选择"顺势而为"，顺应事物发展的规律，顺应自己身体的规律，顺应情绪的规律。在顺应规律的基础上，再去尝试找到一个有利于我生存的小缝隙，毫不犹豫地钻进去，尽可能地照顾好自己。

不想再到修罗场拼死拼活厮杀一番，最后只能剩半条命出来。但是，既然修罗场避免不了要走一遭，那就带着心中的美好愿景去走，顺利的话，可以向在场的人表达自己心中的愿景，找到几个日后能并肩作战的盟友；不顺利的话，也无须恋战，试着灵活巧妙地脱身即可。要知道，唯有健康地活下来，唯有走出修罗场，才有机会实现我们心中所求的"桃花源"。

总之，万物不为我所有，但万物皆可为我所用。学着主动去用身边一切事物，而不是被万物所束缚。

生活的奇妙之处就在于只要你想"用"，只要你想改变，你的身边就总会有可以助你一臂之力的存在。

所以，你要善于发现。

我是善良的，也是锋芒毕露的

01

前几日，我和正在大学任教的姐姐吃饭，姐姐跟我讲了她评上副教授的经历，前几年她一直忙着申报课题，每日熬夜到凌晨两三点看文献、写论文，非常辛苦，近几个月她更是加班加点一宿宿地熬到天亮，准备省里的一场重要比赛。好不容易比赛拿了省级一等奖，一只脚踏进"副教授"的门槛，身边女同事们的心里却不舒服了，平日的沟通交流中透露出酸劲儿，经常话里有话。

姐姐说，她也曾经想过，自己这几年对于评职称这件事是不是太操之过急，太急功近利，以至于忽略了身边同事们的感受，失去了她曾经以为很稳固的关系。

年轻时，遇到人际关系问题后喜欢从书中找答案，书里会告诉我们，是因为我们站得还不够高，走得还不够远，人也不够优秀，所以身边遇不到优质的朋友。需要凭借自己努力不断地去提升自己，让自己变得更优秀，才能遇到更同频、更优质的同行人。

那时我总以为，之所以会有人际关系问题，是因为我们自身还不够优秀，所以我们身边的人不够好。

后来我长大了，变得更加优秀，站到了更好的平台，遇到了更厉害的人，他们都有着优秀的学历，丰富的经历，幽默的谈吐，得体的装扮，短暂相处起来也还算融洽。但是长期相处下来，我们还是会有摩擦和矛盾，会让彼此之间感到很不舒服。

在这期间，我会怀疑是不是自己的性格太"独"，是不是自己处事风格让旁人不太喜欢，是不是自己的情商太低……我们用应试教育中习得的智慧，用自己解决平时其他棘手问题的逻辑，试图解答"人际"这道难题，但是依旧无果。

于是在这份"无解"的人际问题答卷中，我们无奈过、挣扎过、痛苦过，直到最后那句"为什么他们会这样"，慢慢变成了"随便吧""随他去吧，我无愧于心就好""算了吧，反正我也不并不需要跟那么多人做朋友"。再往后，我们不会再介意他们怎么看待我们，即便不被他人喜欢，我们也能继续过好自己的生活了。

那日我在听完姐姐的心声后，很想对她说"这世上并没有几个人真的希望你好""这世上并没有真的长久不变的朋友"这类话，但是话到了嘴边，我还是把它咽下去了。这种锋利的话语，不用我说，姐姐肯定也懂。也没有必要去谴责那些"变心"的朋友，他们不愿意再站在我们这一边，那也是他们的选择，这些选择并没错。

长大后，我不再喜欢苛责别人，大多数的时候我只会默默地做出自己的选择。做出不改变别人，不浪费口舌，也能让自己现状舒服的选择。

所以在最后我回她了这样一句话:"你的上进和努力没错,他们选择安逸也没有错,但若是让这些不值得的人影响你的情绪,那就不划算了。**我们要往前看,走得远一些,再远一些。**也许以后我们还会遇到这样的时刻,但在'自我实现后的不被喜欢'和'一事无成的不被喜欢'里,我选前者,我相信大家也都会选前者。"

02

我这两年像是突然开悟了般,在人际关系的这个课题上,很少再去纠缠内耗。

高中时期我认识的一个女性朋友小寒,年初的时候谈了个男朋友,男方在武汉贷款买了房和车,对她也很好。小寒刚谈恋爱没多久,就跑到了我们的好友群里"大放厥词":"武汉有房有车的男朋友一抓一大把,谁现在结婚还不把车和房先买好?"

恰好我们群里有另一个朋友木木,她没领证多久,因为领证时她和她的先生都在读研,工作尚未确定,所以并未在省会买房,原本想着毕业后她和先生工作确定下来,在工作单位附近买房。六月时,她先生研究生毕业,考上了某省直属机关的公务员,她考上博士研究生,选择继续留在学校读书,两个人等着交满公积金再买房,目前暂时还是租房生活。所以,她在听完朋友小寒的话以后很是生气，认为小寒在"阴阳"她，于是跑过来跟我吐槽。

她跟我这样说："跟小寒认识十多年了，她有几斤几两，有多大能耐，我们都清楚，还需要在我们面前展示自己多有魅力吗？她男朋友的条件也很普通，农村家庭，在私企上班，房子和车子也都是贷款买的，八字还没一撇就在群里炫耀，她到底知不知道，就算那个男的真的跟她结婚了，房子和车子也是男方的婚前财产……"

听完她说的话，我笑着回她："你被她气成这样，岂不是正中她下怀？以你和你先生的学历和条件，你们今后的日子只会越过越好，房子、车子，还有好的生活都会有的，只是时间问题，何必在意她说的话？不如把耳朵闭起来，假装听不到她说的。"

朋友又回我："可我就是看不惯，她也就那么半瓶子水，我看到她在那里吹牛，在那里炫耀，在那里把瓶子摇得咣当响，我就很生气。我们群里的这些人，哪一个不比她的学历好，不比她的工作好，不比她工资赚得多？真要比老公，其他人的老公比她的老公各方面条件都强几倍，也没见你们哪个人在那里炫耀啊。"

我说："那说明在她心里自己也就这个价值，能找到她男朋友那样的，她都觉得自己赚了。炫耀的本质是自卑，她近几年生活过得肯定也不顺，好不容易被她逮到可以显示优越感的地方，就随她去吧。我们对自己的要求和对生活标准跟她不一样，不必跟她多解释，也不必置气，不喜欢就默默远离罢了。"

朋友问了我一个问题："如果她这般挤对的是你，你会如何去做？"

我回道:"她和她男朋友前不久也挤对过我。那天我们一起吃饭,她顺便带男友一起来见我,吃饭的过程中,她男友得知即将研究生毕业的我找到了稳定的工作,打算在单位附近买房,但是当时我说这几天还要租房,反问了我一句'你不是说你要买房吗?怎么还要租房?',当时把我堵得气都差点没顺过来。"

朋友一听这个故事,马上笑了,问我:"那你怎么回复她的?"

我说:"我当时很想马上反问她,就算买了房能马上住吗?不还得租房过渡一阵子;也想过要心平气和地跟她解释我的考量,更想直接让她看看我可以全款买下她那套房子的存款余额。居然跑到我的面前来炫耀!"

"但是我最后什么都没解释,我选择不去理会。我觉得,我也没必要跟这种不会见第二次的路人甲去解释自己的人生规划。

"所有的一切都可以用这样一句话来概括:夏虫不可语冰。"

朋友听完回我:"说句刻薄的话,真的就是'什么锅配什么盖'。"

我又答:"没必要跟这种无关紧要的人伤神,更没必要为无关紧要的人内耗,自己的能量是很宝贵的,我现在就遵循一个交友原则,那就是:爱我者,我爱之;扰我心者,远离之。"

03

今年的元旦,我在家写手账,将自己这一年想要的、不想要的都清清楚楚地写了下来。在人际关系那一栏，我很认真地写下这样一句话：**我想要相处起来让我感到舒服的关系。**

写下这句话时，我忽略了一件很现实的事情：人与人之间的关系是流动的、易变的，人也是易变的，那么倘若之前相处舒服的关系，有朝一日变得不再舒服，怎么办？

真实的生活永远会以最生动的例子，来让我们意识到人际关系的复杂性以及人性的多变。

大学时期玩得很好的女性朋友乐乐，研究生毕业后考上了老家小县城的选调生，在基层乡镇待了两年，今年被调到市里，级别也随之上调了一级。那一日，我们大学时期玩得好的三人一起聊天，她突然说，她现在是她们县里很年轻的领导，升职也很快，间接地说我和另外一个朋友没有她升职快。

这话我就不爱听了，我直接回了她一句："咱们就别攀比了，你升职，我们比谁都开心，也都真心地祝福你了。我们都很优秀，但每个人都有自己的节奏，没必要拿自己的尺子去丈量别人的生活。"

我在群里发完这番话，另一个朋友晓雯马上跑过来私聊我，说我话说得太重了，她又是个好面子的人，需要别人捧着她，听了肯定面子上挂不住，让我给她一个台阶下。

我也意识到自己的话的确说得很难听，所以我后面又接着补了一句："如果你觉得我说话太难听，让你伤心了，我跟你道歉。但是我想说的是，如果你是陌生人，无论你在群里怎么说，我都不会说什么，我觉得你说话不中听，大可把眼睛闭起来，不去看你的炫耀，然后不再跟你打交道就行；但你是我认识了十年的朋友，我很珍惜我们的这段关系，我希望不管未来发生什么，我们几个都能像当时在大学里一样，有烦恼一起分享，有困难就互相帮助，有难过的事情大家都会关心。我希望我们的关系依旧是有温度的、是真心的、是真诚的，而不是那种把攀比、炫耀挂在嘴边，只报喜不报忧的'塑料姐妹花'。"

在现实生活中，面对"如果之前关系很不错，现在变质了，我该怎么办"这个问题，我给出的回答依旧是：乱我心者，不可留。我依旧会为这段关系去争取，会把我想说的话坦诚说出来，如果对方愿意继续真诚地交流，那这段关系就可以继续下去，我也可以为我之前说的话道歉；但如果对方依旧不愿意拿出自己的诚意来交往，那便让这段关系停留在这里吧。

那日，我在群里发完那段话以后，另一个朋友若若问了我一个问题："我们都认识十年了，你这么直接地说出你的想法，可能就会让十年的朋友没法再继续做下去了。你是个聪明人，不会冒失，为何你宁愿选择得罪她，也要把自己想法说出来？"

我是这么回答她的："因为我已经长大了，我开始清楚人是善变的，人性也是多变的，我知道这几年我们的境遇也不一样，我们的性格、人生观、价值观可能也早已改变，甚至可以说，我们可能早已不是曾经那种能够玩到一起的那几个人了。我清楚这份变化，我也尊重这份变化。所以，在面对我们之间的矛盾与分歧时，我不会再像二十多岁时在心里去委屈自己，一遍遍在暗地里想'为什么她现在变成了这个样子''为什么她要这样对我们说话'。接近三十岁的我，不想让自己活成那种不快乐的样子了，面对不愉快，不想去引起争端，又不能去随意甩脸色，只能自己默默不舒服。还要去说服自己，告诉自己对方是无意的，对方其实很单纯，对方是个好人，我不想再这样了。"

三十岁的我，再次面对这种矛盾时，会选择站出来，大大方方地揭开当下我与朋友间的矛盾，**勇敢地说出自己的想法，去在自己能控制的那部分人际关系中，慎重地选择自己真正想要与之为伍的挚友**。她不一定要十分完美，不一定要完全正确，但一定要足够真挚、足够真实。

我也清楚，我的这部分棱角，以及对人际关系的这种苛刻，可能会让我失去一些所谓的朋友。我清楚这背后的代价是什么，但我依旧会选择这样做。

在人间谋生时，有太多时刻，需要我去做那个体面、懂事、有情商、有担当的大人，我需要用恰当的行为举止对待领导和同事，我需要拿出专业的精神及态度去面对工作，我需要得体的社交礼仪去应付很多场合。在那些我没有办法甩手走人的场合，我需要努力地去扮演一名合格的大人。尽管在有些时候，我会感到不舒服，但这是我的工作，是我为自己的选择所需要付出的代价，我愿意去遵循其中的游戏规则。

而在工作之外的部分，在我的生活中，在我的人际交往中，在我的业余爱好中，我想要舒服、自在地生活。我选择跟那些让我相处起来舒服的人来往，我选择将我剩余的所有时间都用在能让我快乐的人或事上，我选择在生活中恣意、热烈地去做真正的自己。

所以在我的生活中，如果遇到了让我不舒服的人或事，我会选择远离，选择切断我与对方的联结。甚至，我不介意当着对方的面把我真实的想法说出来，尽管可能在旁人眼中，说出真实想法的这种行为显得我情商很低。

但是，别人怎么说都没关系。

反正我这个人是善良的，也是锋芒毕露的。

在我的这一生里，该冷静、克制时，我已经做得足够好了。那么在剩下的那些时候，我只想恣意、热烈地去做自己。去拥有规律的生活，去拥有干净的社交圈子，去见让我感到称心如意的朋友。

永远心动，永远开阔

01

上个月，学院邀请我回去给学弟学妹们做一个分享会。我把准备好的内容分享完，进入提问环节，一个女生高高地举起手，我示意她提问，她问了我这样一个问题："学姐，你今后还想成为一个怎样的人？"

听完她问题的瞬间，我突然语塞。为了不冷场，我急忙从大脑里搜刮出一些适合回答这个问题的通用答案："我希望以后的自己能始终保持勇敢、保持努力、保持美好。"这个问题在那一刻就算是被我应付过去了。

但是在分享会结束后，我也认真地反思过自己这个问题：今后，你还想成为怎样的人？

说来挺可笑的，即使我认为我已经足够坦诚地面对自己的内心了，我依旧不知道今后我还想成为怎样的人。

二十岁时，我想成为作家，想要实现经济独立，想要摆脱父母的束缚，想活成真正的自己。我用了三年时间，帮自己把愿望一个又一个地实现。

二十四岁时，我想重新回到学校读书，想接受专业、系统的训练，也想提升一下自己的学历。于是，我用了大半年时间准备研究生考试，作为一名跨专业考生，硬是把十几本专业书背得滚瓜烂熟。最后，我以专业第一的成绩考上了研究生，帮自己实现了名校梦。

二十五岁时，我遇到了那个想要共度一生的爱人，他踏实、善良、正直，他懂我的很多想法，并愿意尽自己最大的可能去理解我、包容我。尽管我在认识他之前，从未规划过要在多少岁之前结婚，毕竟缘分可遇不可求，但与他长期交往后，我心里只有一个想法，如果我能在二十八岁之前结婚就好了。而我们也很幸运地在我二十七岁的那年结婚了。

二十八岁时，我找到了想要的工作，新的工作单位我很喜欢，还拥有了属于自己的房子。

二十二岁大学毕业那年，我希望我能在这座城市里有一份稳定体面的工作，有一个属于我自己的温暖的家，能够真正地在这座城市扎稳脚跟。

那几年里我挣扎很久，依旧无法拥有的这些东西，在二十八岁这年，我终于让自己一一拥有了。

我用了八年时间，替二十二岁的自己，将愿望一个接着一个地实现。

如今，我每天按时上班，准点下班，工作偶尔很忙，但也没有那么辛苦，手上有些存款，身旁有爱人陪伴，父母身体也都很健康，能帮我分担部分生活的忧愁。加上我的内核足够稳定，足够自洽，生活上没有什么太大的烦恼。每日过得算不上清闲，但绝对自在又美好。

对于从小伴随着学业压力，伴随着替父母争气这一重担长大的人来说，当某一天自己的生活真的慢下来，不适感是多于惬意的。对于这些人而言，我们需要偶尔尝到点生活的苦头，来提醒我们还在顽强地活着。我们不适应完全停摆的状态，我们需要那个被称之为"目标""动力"的东西来支撑我们走下去。

所以，在那场分享会之前，我也一直在思考：当没有学业压力，没有求职压力，没有备考压力，当我们真正进入生活，接下来，我还想成为怎样的人？我还想过怎样的生活？我还想再做些什么吗？

从刚开始写这本书时，我就在思考这个问题。直到此刻，半年后，快到书稿的截止日期，也就是我二十八岁的末尾时，我终于找到了答案。

下一个十年，我想成为穿芭比服饰的六边形战士。穿得了芭比的服饰，扮得了粉嫩可爱，但也有足够强大的能力和能量。

02

那天，我跟朋友小菲聊天，我说："生活每日平淡得很，没有太大的烦恼,也没有太大的趣事,要不干脆我改天去考博,重新回到校园,再去接受一番学术的捶打,再去体会一把心力交瘁的读书生活。"

朋友小菲笑着说:"何必呢,你又不是不知道读博的压力有多大,而且你现在的生活、工作都挺好的,你已经有的学识也够用了,不需要那一纸博士毕业证书替你增值。"

我回她:"我是认真的。人生前三十年,绝大多数的学习都带了点功利性的目的,或是为了通过某场考试,或是为了某张毕业证书,或是为了拿到某块敲门砖。可能你觉得矫情,但我确实没有发自内心体会过'一心只读圣贤书'的感觉。

"日后有机会,我一定会重新回到学校。这一次,不再为了通过某场考试,也不再为了获得某张入场券,我只想重新回到校园,坐到老教授的面前,听他讲述'媒介呈现''秦汉时期的媒介传递''某国总统媒介形象研究',去真正静下心来学一些东西。抑或是,让自己重新接受学术的熏陶。

"接下来的每一天,我都想再为自己好好学习一番。尽管如今,大家都说要丢掉'学生思维',但我希望自己能永远保持一部分的'学生思维',永远拥有空杯心态,永远谦卑,永远好学,永远能像一块海绵一样,愿意学习新知识,愿意接受新事物。"

保持饥饿,保持对新鲜事物的好奇。

03

不再有身材焦虑，追求健康且有力量的身体。

圣诞节那晚，我发了这样一条微博：

"如今的我已经不再有体重焦虑。因为卡里有足够的余额，有富足且自由的时间，有健康的身体，有支持我、爱我的家人，让我足够自信，也足够有勇气过上二十多岁时自己期望的生活——敢吃敢睡敢荒废。他们也让我相信，以后的生活会越来越好，身体会越来越好，身材会越来越好，生活也会越来越幸福。至于体重，冬天胖一些也无妨，大不了等到春暖花开再瘦下来。怎么胖起来的，就怎么瘦下去。"

二十八岁这一年，我终于跟体重这件事和解。我不再有身材焦虑，不是因为我足够瘦；我也不再一味去追求体重秤上的漂亮数字，不是因为我自暴自弃；我也不再盯着肚子的赘肉发愁，不再捏着肚子上的"游泳圈"，幻想着如果能有一把刀，把这一圈肉割下去该多好。我不再一味追求"瘦"，我开始追求健康的身体。

我希望未来的自己能拥有健康的身材，肚子上可以有些赘肉，大腿可以有点粗，脸可以圆圆的，胳膊上可以保留"拜拜肉"，甚至皮肤也可以有些黑，这些都是可以的。但是，一定要保持运动的习惯，让自己的身材是匀称的，双腿是有力量的，让自己的脸上始终挂着自信的微笑。哪怕是微胖也没关系，一定要发自内心地去热爱自己的身体，去自然而然散发出"我最美"的自信气质。

我接下来的人生，不想做处处娇弱的林妹妹，不再希望用柔弱的身体惹得旁人怜爱。我希望自己的身体是有力量的、是健康的、是自信的、是强大的，希望自己是可以与另一半并肩作战的战友，也是可以独当一面的女战士。

04

有敢于翻脸的硬气，也有软得下去的身段。

刚到新单位的那几个月，有同事跟我八卦之前有些老同事"倚老卖老"。

后来，我跟朋友小菲聊起这件事，朋友小菲听完，回了我一句："你这个同事是不是还没有完全了解你的性格啊？你长着一张'谁都别想欺负我'的脸，即便那批难搞的老同事还在，我估计他们也为难不了你什么。即便他们真的让你不爽了，照你的性子，最后肯定会还回去的。"

我听后，笑笑说："我这人确实就是一面镜子，你对我好，我就对你好；你对我不好，或者故意为难我，那我无论如何也是要让自己成为一颗钉子的，你踢了我一脚，我也要让你疼上一阵。"

二十岁出点头时，我的确活得很"硬"，脾气硬，性格硬，争强好胜，还好面子。那时，我为了逞一时面子，错过了很多合作的机会，少挣了不少钱，还得罪了很多人。

这几年，我慢慢学着藏住自己的野心与锋芒，虽然性格上依旧难搞，依旧不怎么好惹，但我识趣了很多，在不触碰原则的情况下，必要时可以做那个先说"不好意思"的人，学会了向他人示弱。如今的我通透许多，总觉得一件事如果我先低头服软，说几句漂亮话，就能把问题解决。那么，不需要旁人逼着我，我自己也会先服这个软。

年轻时，爱把服软、说漂亮话称作世俗、圆滑。如今，我已经长到能随时切换"强硬与柔软"的年纪，我忍不住想为这一行为正个名。

不说硬话，不做软事；敢做硬事，敢说软话。这不是世俗，而是生活的智慧，是年长者的智慧。

记得前几年，我深陷一段人际关系的纠纷中，有位前辈我必须跟他搞好关系，而我能明显感觉他并不喜欢我，甚至有点讨厌我，处处还能感受到他对我的打压。当我为之煎熬、痛苦时，身边一位事业有成且很智慧的姐姐跟我说了这样一段话：

"你没必要活得这么'硬'，没必要佯装成理性、没有一丝情绪的模样，去跟他证明你的专业性。你大可发挥你的女性优势，脸皮厚一点，必要时对他'死缠烂打'，做错了就去真诚地道歉，受到帮助就发自内心地感谢他。反正他也会因为你的女性身份，而对你有刻板印象。那你便对自己宽容点，就利用好你的女性优势，去赢得他的认可。"

有时靠强硬做不到的事，可以试试以柔克刚。

低头并不可耻，拿到漂亮的最终结果才最重要。

05

之前，身边总有些扰乱我情绪的朋友，跟他们随便聊上几句，都能被他们气得不行。那时我还年轻，总觉得是因为自己的内心修炼得还不够，所以才会一次又一次被朋友的话刺痛或激怒，扰乱自己内心的情绪。年少时，我们真的很擅长忍耐，也很擅长从自我身上找原因。

那日，我跟我的心理咨询师倾诉："我朋友小蓝基本每次找我聊天都要说一句'哎呀，我最近又没学习，我又去哪里玩了，算了，我已经打算摆烂了'。那时我正在准备一场重要的考试，她也跟我一样在备考，只不过她之前考过很多次，每一次都是未通过。"

我又说："明明我在很认真地备考，她来跟我说她天天不学习、天天摆烂，她的目的是什么？是想要给我泄一口气吗？想要告诉我'你看我每周都在玩，你那么认真复习干什么'？抑或是想用这种方式打探我的学习进度？无论是哪一种目的，我都不喜欢。

"我每次收到她消息，内心都会经历一场小小的情绪地震。等我回复完她的消息，我又需要很长一段时间平复情绪，实在是内耗。"

我的心理咨询师听完后，没有像旁人那样去指责我内核不稳定，也没有告诉我对朋友要宽容，要求同存异，都没有。她只是缓缓地对我说："其实，你可以拒绝接受她对你的情绪干扰，可以拒绝她对你的影响，你有这个选择权。**你要允许自己去保护自**

身的能量，允许自己去主动接受让你开心的信号和能量。"

自那以后，我学着做个冷漠的人，与身边那些让我不开心的人慢慢切断了联系。不再因为"我们认识了多少年"而被束缚住手脚，不再用所谓的"友谊"绑架自己去接受我不喜欢的负能量，也不再将自己困在不喜欢的人际关系里。

我们总是很擅长提醒自己，不要待在不舒服的感情里，其实这句话也适用于人际关系，不要待在不舒服的人际关系里。

我允许自己去保护自己的能量，允许用自己的高频能量去吸引更值得交际的人，允许自己去认识更好的同行人。允许自己远离一些让自己感到不舒服的朋友，允许自己去认识新的志同道合的朋友。

06

当今的年轻人不爱听别人说他们拼命，比起拼命，他们更喜欢别人说她他们活得松弛，状态松弛，不焦虑，不急躁，不是非得要某个答案。

我仍然记得，研究生时期，我很敬爱的一位师兄在某次开完师门会议后，郑重其事地对我说："我不喜欢你的性格，你活得一点也不松弛。"他觉得我事事都太努力，也太焦虑，恨不得此刻就把未来还未知的事情提前做好，把未知的风险提前防范，这般性格会让身边的同行人感到很有压力。

我曾一度因为他的这句话自我反省,也曾试着假装让自己活得不那么努力,我学着像他们那般不去在乎写论文的灵感;我学着像他们那般佛系,不去追着导师要论文修改意见,而是慢悠悠地等待导师找我;我学着像他们那样不去焦虑工作和未来,去笃信船到桥头自然直。

但是我发现,这份所谓的"松弛"反倒让我更加焦虑,更加难受。我没有师兄那般雄厚的家庭背景做支撑,他有父辈全款给他买的价值几百万的房子,他有父辈给他铺好的人生道路,他的下限是很多人这辈子都没办法够到的上限,所以他不必焦虑能否按时毕业,也不必非要按时毕业。

而对于大多数普通如你我的人来说,身后无人支撑,一切都要靠自己。所以,作为家族在大城市打地基的第一代,我们没有办法轻飘飘地说出那句"怕什么"。

我们怕得要死。我们怕自己不够努力,怕自己的专业能力不够强,怕自己投简历的速度不够快,怕自己的论文写得没人家好,怕错过机会,怕搞砸人生。

这份"怕"注定让我们没有办法松弛地生活着。

但好在,我没有活成一个只会"怕"的人。这么多年我的"不松弛",不仅让我获得了一些物质上的东西,也让我内心变得更加成熟,让我拥有了生活所必需的理性思维,让我明白**我不需要人云亦云的生活,我的人生跟别人不一样,我也不必追求和他人一样的活法,我可以选择以我舒服的方式来生活。**

后来的我,终于不再刻意逼自己活成师兄口中"松弛"的样子。

我学着与自己和解，学会接受自己，学会承认自己需要努力才能获得我想要的东西，学会在被说"你活得不够松弛"时，落落大方地回答："是啊，我不够松弛。但是，我很喜欢这样努力的自己。也许对你们来说，不在乎任何事、佛系、不用为任何事而努力才叫松弛，但对于我而言，在我努力地去做完一件事后，在我提前防患于未然后，内心的安定与踏实才是我心中对于'松弛感'的定义。"

对于有些人来说，"松弛感"是放松，是不在乎任何事。但是，对我们这些需要靠自己一步又一步走出漫漫人生路的普通人来说，"松弛感"是努力后内心的踏实，是完成一件事后的放松，是朝着未来一步一个脚印走下去的期待。

我们不一定要松弛地活着，我们也不必非要去追逐某种松弛感。

我们要的是内心安定且踏实地活着。

07

如果你问我：这三十年来，你是从什么时候开始活得自由，活出自我的？

我会回答："当我开始自己挣钱时。"

二十岁时，当我开始独自挣钱，我从父母手上拿回了自己人生的主动权。我将自己送到理想的学校去读书，我选择了自己喜欢的专业，我自己给自己买了喜欢的包包和服饰，我选择了自己喜欢的工作。当我做这些选择时，我不必考虑任何人的任何看法。因为钱是我自己挣的，我不再依附任何人，那么与之相对应的，我的选择也不再被任何人干预。

二十五岁时，当我另一半的某些亲戚挑剔我家境平庸时，我大大方方地回他们一句："虽然我还在读研，但是我挣的钱不比各位少，我父母培养出的孩子比你们大多数人培养出的子女都要强。"我用极其嚣张且看上去有些没有礼貌的方式让那些人闭上了嘴巴。这份底气来源也是我有独自挣钱的能力。

二十八岁时，当婆家一次又一次跟我画各种大饼，我终于不愿意再吃那些大饼了，某一日我实在受不了，选择不卑不亢地把我想说的话都说了出来，让他们知道他们画的饼，我不吃了，也吃不下了。我想要的生活，我自己会努力去争取。与之相应的是，既然我选择了靠自己，不依靠你们，那你们也别再插手我的生活。

后来，朋友瑶瑶知道这件事以后说我太冲动了。她说："你就跟他们低下头，把他们哄好了，等几十年后他们老了，这些不都是你的了？"

我回答她："如果我一直忍耐，恐怕还没等我从他们那里得到些什么，我的那点心气早就被磨没了，到时候我的结节比我想要得到的东西先到，我不想再忍了。在这几十年里，我可以靠着自己努力，自己爱护自己，自己满足自己的欲望，即使再辛苦，也让我可以提前几十年生活得更开心。"

我选择了那条旁人眼中最不划算的路，一来因为我脾气硬，二来我也确实足够自信。我有稳定的工作，专业的能力和以往积攒的成就，这些让我坚定地相信，即使这辈子我只靠我自己，也能够活得很好。

尽管近几年，网络中不再流行谈论"女孩要独立"这些话，但是如果有哪句话是我必须要对未来的自己寄予的，我能想到的，最重要的一句叮嘱仍然是：**无论何时，不要放弃自己独立赚钱的能力，不要丢掉自己的经济底气**。我希望未来某一天，当我再面临一些不愉快时，我有足够的存款，有足够的经济底气，能支持我，让我遵从自己的内心，做让自己开心的选择。

我希望以后的我，不必去纠结坐月子是让妈妈照顾还是婆婆照顾这件事，我要怎么开心就怎么选，实在不行，花钱去月子中心舒舒服服的也行。我希望未来的自己买任何东西不必看人脸色，无论是三十岁、四十岁，还是五十岁，想买包的时候依旧买，想去哪里玩就去。我希望未来的自己不要受任何委屈，该反击的时候就要反击，该表达不满的时候就要表达，我不用怕得罪谁，也不用思考要迁就谁。**余生，我只想取悦我自己，保护好自己的情绪，做最支持自己的那个人。**

挣自己的钱，做自己人生的主人。

我始终觉得无论年龄多大，每个女性内在都应该一直保持这四种能量状态：小女孩、女神/女王、女战士、圣母。让自己每一天都可以在这四种能量状态中自由切换，时而可爱，时而美丽，时而强大，时而充满爱。

所以，回到最开始的问题：下一个十年，你想成为怎样的人？

在认真思考后，我的答案是：我想成为一名完整的女性，无论几岁，无论未来会发生什么，都始终能够像个小女孩般单纯地去笑，去开心地生活；能够始终拥有女神般的美好和魅力；能够带着女战士般强大的内心；以及时刻让自己的内心充满圣母般的爱，去感恩生活，去热爱生活，去创造生活。

我不再希望自己成为某种人或某个人，我希望未来的自己是多变的，是充盈的。是做得了硬事，说得了软话的；是独立的，也是充满爱的；是勇敢的，也是允许自己有脆弱的一面的。

是芭比，也是女战士。

CHAPTER_3

给好好生活的你一朵小红花

日子摇摇晃晃，我们依偎着一起前行

01

那日，有一个媒体朋友在微信上问了我一个问题。她问："爱上一个对的人是一种怎样的体验？"

我认真地思考了一下这个问题，写下了这篇文章。

在二十五岁以后，我对我所爱着的那个人只有一个要求：**当我爱着你时，我的情绪是平和的、稳定的、向上的。**

不会让我时不时感受到吃醋、嫉妒，不会因为你的行为让我不断担心这段关系是否会破裂。我希望你能给我足够的安全感，让我知道我们这段关系是稳定的，让我对这段关系能足够放心，然后开心、平和地去过好我自己的生活，这是大前提。

其次，我爱着的人必须要有自己的事业，要有安排好自己人生的能力，要能够让我崇拜。说句世俗的话，我希望我的爱情是势均力敌的，我会努力、认真地工作和生活，我希望对方也能够努力、认真地工作和生活，至少不能拖我人生的后腿。我想要的爱情是，彼此能够一起克服困难，一起努力奋斗，而不能是我自己独自努力，还要处理对方的一地鸡毛。我愿意在感情里付出，但我不愿意进入一段自己单方面被不断消耗的感情。

我很清楚自己想要什么样的感情，所以在遇到我现在的另一半的那一刻，我的脑袋中突然冒出一个念头：他就是我想要的那个人。

02

我们很清楚彼此的底线。恋爱之初，我就直接跟另一半讲，我会介意我的另一半跟别的异性走得太近。我说："我这个人爱吃醋，一吃醋就情绪不稳定，情绪一不稳定就心情不好，心情不好就会影响我原有工作和生活的状态。我不想因为这种原因影响到我的生活状态，如果因为类似的事影响到我的情绪和生活，让我变得不开心，那么无论我有多么喜欢这个人，到最后我也会忍痛把这段感情舍弃掉。"

我的另一半说，感情里的忠诚与专一，这也是他的底线。在这件事上，我们的看法一致，如此倒也挺好。

安全感这种东西是相互给予的，想要对方给予你足够的安全感，你也要尽量给予对方足够的安全感。我俩恰好都清楚这一点，于是在相处的过程中，我们都尽可能地给予对方足够的安全感。无论他去做什么事都会提前跟我说一声，会提前跟我说他要去开会，怕我找不到他着急；忙完手上的事也总会第一时间回复我。我每次也都会提前跟他说我要跟哪个朋友去哪里玩，要去做些什么事。

当对方给予我足够的信任，我也会给予对方足够的信任。

年少时总以为，成年人的世界是没有爱情的，既要上班，又要工作，哪里有那么多的时间和精力去恋爱？感情里的无微不至与随时随地的报备是十七八岁少年的恋爱特权。

如今，我已经是曾经自己眼中的大人，拥有了属于我的爱情。但是我发现，长大后我们也可以有那种坦诚的爱情。就像我和我的另一半，我们两个成年人依旧坦率、真诚地跟对方报备自己每日的行程，忙完了自己的事情后会第一时间跟对方联系。我们做的虽然都是很简单、看上去非常不起眼的事，但我们忘了的是，对于爱情，最开始的我们想要的其实也并没有那么多，我们想要的只是可以有一个人可以陪着自己做一些简单却又有必要的事情。世间再复杂的东西，也都是由一件又一件简单的事组成的。

长大后明白，不是成年人的世界里没有爱情，只是成年人世界里的爱情很稀有、很珍贵。得去仔细寻找，才能找到那个愿意跟你一起制定游戏规则且遵守游戏规则的人。

03

你问我俩会吵架吗，当然吵。

这世间哪有不吵架的爱情。

但是，我们之间很好的一点是：我们约定了即使吵架也不隔夜，再难过的情绪、再复杂的问题，只要爆发了，就要在当天解决。

我不是一个爱哭的人，在我人生的前二十五年，除了跟我爸妈闹别扭的时候会委屈到哭，跟旁人相处，即便对方再过分，我再委屈，我也不会流一滴泪。但是，跟我的另一半在一起后，我在他面前特别爱哭，每当我受点委屈，或者遇到难过的事情，我都会不停地掉眼泪。

每次我独自生闷气，或者委屈到他再说一句话我眼泪就要流下来时，他都会很耐心问我"你是怎么想的？""我的哪句话、哪个行为让你感到委屈或者不舒服？"我都会跟他讲我是怎么想的。如果我误会了，他会解释清楚；如果是他的疏忽，他会跟我道歉。

我对他也是如此。有时，他因为工作、生活中的一些事烦恼，情绪不是很好时，我都会很耐心地问他到底发生了什么事，让他说出来，我们一起解决。我经常跟他说的一句话是：也许很多时候，我没有办法能帮你把眼前的烦恼直接解决掉，但是我可以给你一些有效的建议，可以帮你分析一下问题，帮你调整一下心态，让你发现解决这件事情的方法其实并没有你想象中那么复杂，让你对未来增加更多的信心与勇气。

不管前方是魔鬼还是野兽，都没有什么大不了，我陪你一起面对，一次解决不了，那就分几次、用更多时间与精力去解决，无论是什么问题，总有解决的那一刻的。

任何一段关系，都会有误会。只是我们都很在意彼此的情绪与感受。我们会尽量当场把彼此的负面情绪消解，也愿意花时间、精力去治愈对方的情绪。

最重要的是，我们彼此也都很愿意给对方一个治愈彼此的机会。

亲密关系里的配合，真的很重要。

04

跟另一半在一起后，我很少去羡慕别人的爱情。

我必须跟大家坦诚的是，说这句话，并不是因为另一半是百分百完美男友。虽然在很多方面，他都真的很好。

这些年我在与自己情绪的反复抗争中，慢慢也长大了，看过更广阔的世界，也吃过了山珍海味，这部分成长让我成了一个更优秀、更有能力的自己。当然，我没有成为"因为我很优秀，所以在爱情方面也要是最优秀、最完美的恋人"的那种人，成长带给我最重要的东西是，它让我明白：**爱情不是许愿池，我才是自己的圣诞老人。**

世上没有理想中的完美爱情，也不存在跟哪个人在一起、结婚，人生就会一下子变好。无论男人，还是女人，千万不要随便把自己的成长与幸福依托于某段关系或某个人。**不要带着怨气和不切实际的期待去爱人，能让人生变好的，只有我们自己。对于爱人，**

我们能做且要做的就是去爱对方、鼓励对方，而不是一味地要求对方。

我们能够要求的只有我们自己。当我们想明白这一点后，会轻松许多。

所以在这段感情里，我们不能去要求对方一定要怎么做。我们要明白，有能力且有上进心的两个人，只要踏踏实实地去努力，未来什么都会有的。

我们经常跟彼此说的一句话是：忙时，就好好工作，互相打气；闲时，就计划出游，一起吃喝玩乐，生活的一切都是很美好的。

我们相信，我们会一起拥有灿烂的未来。

所以，最后，如果你再问我：爱上一个对的人是怎样的体验？

我只想答一句：好幸运，我能遇到对的人。但是我的野心有时是很大的，我很贪心，我不止想要你的爱，我也想与你一起走过一段更好的人生。

我希望在我们这段关系里，我是愉悦的，而你也能成为人生赢家。

用饱满的热情爱自己

01

昨日，研究生期间的室友给我发了这样一条信息，她跟我吐槽她工作上的辛苦，人际关系的复杂，内心的煎熬，最后她用一句"我快被公司熬成黄脸婆了"概括了这一切。她的内心已无法消解这些痛苦与煎熬，即将崩溃，于是前来寻求我的帮助，想来我这里寻找一些调整心态的方法。

我静静地听她诉说，扮演着一个倾听者的角色。待她说完，我回了她这样一句话："如果实在累了，那就试着把眼睛闭起来。对别人，做到别看、少看、不看；对自己，做到全身心去关照自己。"

她说："道理我都懂，但真正想要做到，也确实很难。"然后，她又问了我一个问题："在我看来，你是一个大多数时候都能够保持情绪稳定的人，你平时都是如何保持心态平和的呢？"

我答："我的方法向来简单粗暴，爱我者，我爱之；敬我者，我敬之。滋养我者，我回馈宝贵能量；乱我心者，我选择远离，可以是从行动上远离，可以是将自己内心的那扇门从此对他关闭，不再为这个人以及与他相关的事烦恼。"

我决定让自己幸福，每天保护好自己的能量，尽量多做几件让自己开心的事，多让自己笑一笑。所以，所有与我目标相左的人或事，我都选择淡漠处之，让那些人和那些事带给我的负面反馈、负面能量静静从我身上流过去，但我不去吸收它。

生而为人，我想要过自己幸福的生活。这就是我保持好心态的方法。

02

其实，曾经有很长一段时间，我内心的秩序也崩塌过，我的情绪也被人"控制"过，内心也感到焦灼过，曾经的我很痛苦地生活着。

那时，我一颗心扑在一个人身上，极度想要经营好一段亲密关系。但有时候，你越想要什么，越会在意、害怕，行动就容易变形，然后做事开始扭扭捏捏，精神开始越来越混乱、不安，越想要什么越得不到什么。就像握沙子一样，手越用力，越是握不紧。所以当时的我在这段感情里极度没有安全感。

二十岁恋爱时，会患得患失、会不安，那时我把原因归结为"你对自己不够自信，因为对方没有给足你安全感，所以才会不安"。

在后面的将近十年里，我拼命地让自己走得再远一点，卷学历、卷身材、卷工作、卷性格、卷见识，直到我终于长成此刻的自信模样，也有幸遇到了那个在感情里能够给足我安全感的男人。按理说，这次幸福该轮到我了，但是并不是这样的。说起来挺难以启齿的，在接连不断刷到男性出轨的视频后，在夜深人静想到身旁女同事们的遭遇时，我内心的那份隐隐的不安，依然会时不时地跑出来作祟。

在那些时刻，我挺痛苦的。这份痛苦不仅仅是来源于感情里的不确定性因素，更多的时刻，这份痛苦源于我对自己的不满意。

我不能接受快三十岁的我，还会因为感情里中的这点事而烦恼；我不能接受向来豁达乐观的我，原来骨子里竟然还潜藏着恐惧与不安；我不能接受原来我经过了这么多年来的努力修炼，终究还是没有通过"缺乏安全感"这个课题。

我不能接受这样失败的自己。

只是当时身处其中的我并未意识到这些。我被情绪裹挟着走了很久。担心失去，于是整日里盯着对方都在做什么，以及对方身边的人都在做什么；害怕未来最糟糕的情况发生，于是整宿地失眠，每天晚上睁着眼睛看着漆黑的夜空，躺在床上胡思乱想；焦虑有一天彼此的新鲜感不再，对方还会不会喜欢我，为此我甚至做过不少取悦对方的事。

那时的我，常常感觉自己不属于自己。我没有办法控制我的情绪和思绪，我忍不住去想事情糟糕的那一面，于是一次又一次让自己陷进负面情绪之中。

03

从什么时候起变好的呢?

是那一次有一部新上映的电影我很想看,结果对方工作一直很忙,抽不出时间陪我去看。于是在他回家吃完晚饭,继续回到办公室加班的那个晚上,他前脚出门去加班,我后脚换上漂亮衣服,订了一张电影票,打车去看了那部电影。坐在电影院的那刻我突然意识到,我好像很久没有像这样为自己做一件事了,仅仅是为了自己的喜好。那一晚,我发自内心地感到开心。因为,我又重新看到了自己。

还有一次,我决定周末不和他一起度过,而是选择去跟姐妹们一起吃饭、聊天、喝酒。在我打车去找姐妹们的路上,我脑中一直在不断地告诉自己"你是有离开的勇气和能力的"。那段只有十来分钟的车程让我明白,无论是感情,还是生活,如果有朝一日对方让我感到不快乐,我都是可以选择离开的,选择权始终在我手里。此刻我需要做的是,让自己始终保持追求快乐的能力与勇气。

我不再一感到难过就打开冰箱拿酒喝,我不再选择用酒精麻痹自己,而是拿出日记本,真实地记录下自己当下的难过与悲伤。我选择诚实地面对自己的难过与悲伤,拿出足够的诚意去面对真实的生活。从那一日起,我戒掉了酒精、戒掉了咖啡,开始学着给自己煲汤，或莲子银耳羹，或冬瓜排骨汤。我开始继续每日坚持运动，将那份不安与焦虑化为汗水挥洒出去。然后我发现，我的状态好了很多，我也变快乐了很多。

总之，当我意识到，我早已不是二十岁时坐在原地等待别人来给我幸福的女孩了，我有足够多的能力与能量让自己过上幸福的生活时，那些负面的东西也随之开始慢慢消解了。

我记得很清楚，某一日早晨闹钟响起，我迷迷糊糊地睁开眼，坐在床上，突然有个念头出现在我的脑中：接下来的人生，**我要去做能让自己幸福的女孩，无论跟谁在一起，无论做什么工作，我都决定让自己过上幸福的生活。**

让自己幸福，而不是等着别人给自己幸福。这一次，我选择自己去寻求幸福。

04

再后面，面对很多问题，我都选择自己去主动寻求，我的内核也变得越来越稳。

我不再把所有的关爱，都寄希望于别人的给予。自己想要的关心与爱护，自己给。

我不再向某一段感情、向某一个人寻求安全感，我学着自己给自己安全感，而我给自己的终极安全感是"你是有能力、你是勇气的。以及，这辈子无论与谁在一起，无论你遇到多少坎坷，你都会获得幸福"。

以及,扰乱我心神的人际关系的事,丢不掉的就学着"睁只眼闭只眼"糊弄过去。我不想在无用的事上去较真,也不想再跟身边女性朋友们进行"你过得好,还是我过得比你好"的比较游戏,对身边那些无聊的八卦也失去了兴趣。我只想保护自己的能量,好好工作,用心做好"让自己幸福"这件事,偶尔与身边那些能够互相支撑彼此的朋友交换能量,共度生活的艰难。

所以你问我:为什么你的心态这么好?

因为我终于明白,没有任何人值得我们独自沉沦,也没有任何人能够让我们不开心。

我选择关照自己,让自己幸福地过一生。

人生缓缓，自有答案，好好生活

01

另一半要出差两天，他担心我一个人在家孤独，提议让我回爸妈家住两天。既不必担心一日三餐，又有人陪伴。我说："不必担心，我一个人能过好自己的生活的。"

次日早晨，他出门赶车，我提上电脑，背着装着水杯、纸巾、小零食等日常用品的帆布包，也跟着他一起出门了。我打车来到咖啡厅，找到一个喜欢的座位，点上一杯星冰乐，打开电脑文档，开始写作。没有意外的话，我会在这家咖啡厅待上一整天。

中途，另一半给我发了消息，问我在干什么。我发了一张我在咖啡厅写作的照片给他，他回了我一个"哇"的表情，发了一句："怎么感觉我不在家，你的小日子过得更美好、更潇洒呢？"

我回他："你在身边时，我在努力过好我们的生活；你不在旁边时，我在努力过好我自己的生活。总之一句话，不管何时，我都只是在努力地过好生活呀。"

我二十多岁时，从未觉得"好好生活"是一件多么困难的事。对于二十多岁的我来说，投入时间精力去学习，去自我提升，坚持运动，拥有健康身材，尽可能地保持心情轻快，这些都是很容易的事。因为在那些时刻，我只需考虑自己的感受。

但是，在我真正走进婚姻，离三十岁的门槛越来越近后，总是会分外强烈地感受到"好好生活"真的是一件需要加倍努力才能做到的事。需要我在日复一日的重复中，去学习如何爱上眼前的生活；需要在婚姻的情境下，去学会处理生活里的一地鸡毛，去学会如何处理好另一半与自己的关系；需要在新的身份背景下，去学会面对自己时不时产生的不安、焦虑，以及找到爱别人与爱自己的平衡点。

所以，我也常常思考，要如何在三十岁及以后的婚姻生活中，妥善安放好属于自己的那部分自我。

02

前几日，有位年轻女孩很不好意思地问了我一个问题。她说："在我们眼中，你的婚姻生活已经足够美好了，但我还是想问，你是否偶尔也会在感情中感到不安、焦虑呢？"怕我觉得被冒犯，她还特意强调："如果这个问题让你不舒服了，你也可以选择不回答。"

我回她："没有觉得冒犯，反而觉得你挺真诚的。我确实偶尔也会在感情中感到不安，这也没什么好掩饰的。"

接着，她跟我讲了她自己的感情经历，她总是会担心另一半会不会突然不爱她了，她说，她知道这样很不好，但她控制不了自己不去在爱情里患得患失。

她问我："大家都说不够自信的人才会没有安全感，她怀疑她的焦虑和不安是不是因为自己不够自信。"

我答："不，不够自信的人，是没有办法开口问别人自己是否不够自信这个问题的。你非常勇敢。况且，我并不认为在感情里会感到不安是因为不够自信。在一段感情里，担心失去，没有安全感，只是因为你太在意你的另一半。不必去给自己扣上'不自信'的帽子，也不必自我打击。一切只是因为你在乎他，仅此而已。"

坦白说，在我的感情经历里，我不止一次不安过、焦虑过。在我更加年轻的时候，像上文中的那个女孩在感情里感受到的那些不安感、无助感，以及自我怀疑，我都经历过。

我也曾翻阅对方的手机，查看今日他有没有跟别的女生说多余的话；也曾做噩梦，梦到对方要离开自己，醒来后失魂落魄一整天；也有一段时间不断地担心对方会不会没有新鲜感，会不会不再爱我；也曾一遍遍让对方许诺，与其他女生保持距离。类似这些事，我都做过。

尽管在得到自己想要的保证、承诺后，我的内心获得了短暂的平静。但是，在那之后的每小时、每天、每周、每个月甚至很久后，我还是会不时地感到不安与焦虑。

女性在感情里的那部分固有的不安，是没有办法靠别人的一句话、一个承诺，甚至一个行动就能完全消解的。那是女性一辈子要面对、要攻克的课题。我在不安、焦虑中挣扎了许久，某日，我突然想通了这个道理。

03

我心中的这部分不安是从什么时候开始慢慢消解的呢？

是当我深夜里躺在床上，翻来覆去睡不着时，我听着身边人匀称的呼吸声，转头看着他，一遍遍地反问着自己"他明明就在离我这么近的地方，为何我还要担心会失去他"，我找不到这个问题的答案。

那一晚的我太想找到一个出口了，我拼命地四处搜刮着各种能够暂时抚慰我内心的力量。在我濒临崩溃的那一刻，我突然想起以往每次我做心理咨询时，咨询师都会问我的这样两个问题"那你最害怕发生的事情是什么呢？""那如果最坏的情况发生了，你会怎么样呢？"

我学着咨询师的做法，开始跟自己对话。

我开始坦诚地面对自己的恐惧，并试着把那一层层恐惧剥开来。我害怕的是有一天他会喜欢上别的女生，我怕他会觉得别人比我好，我怕我会失去这段感情，我怕到时候我会被人嘲笑，会被人议论"最开始的婚姻再好又怎样呢，到最后还不是什么都没有",我怕到最后我会孤单一个人去面对漫长的黑夜、漫长的人生。在那个时候,我感觉我的内心充斥着恐惧。

尽管当时的我已经感到很痛苦,但我并未对自己心慈手软,而是继续不断地逼问自己"如果我恐惧的这一切发生了,我会怎样做"。

那一晚,我开始很冷静地思考这个问题。首先,我不会便宜伤害我的人,无论是男是女,我都会用我的方式让他们为此付出巨大代价,让自己的利益最大化。其次,我有稳定且体面的工作,有漂亮的学历,有能够赚钱的能力,有收拾一下也还称得上不错的长相,有健康的身体,有爱我的父母,有关心我的兄弟姐妹,有亲密的朋友。所以即便那一切发生了又怎样,也许对我来说会有那么几个难熬的夜晚,也许会有以泪洗面的时刻,也许最开始我会感到孤单,但这些都是可以克服的。重要的是,这样一段关系的变化并不会动摇我原本稳定的生活。我依旧经济自由,依旧会有人爱,依旧有真正关心我的朋友。

想明白这一切后,我突然变得平和。我一遍遍地对内心的那个自己说:没关系,你的忧虑、不安、紧张、害怕,我都能懂。但是你要相信,无论发生了什么,我都会一直陪着你,和你一起去面对,去解决,去为自己的利益争取最大化。所以,不要害怕,也不要担心,去努力让自己好好长大。

其实,这也是我的咨询师告诉我的方法。在难过时,不要去指责自己不够坚强,不够勇敢,内心不够强大。而是试着去拥抱内心那个会害怕的另一个自己,或者也可以什么都不做,就安安静静地陪着内心的另一个自己,然后一遍遍地告诉她"我会陪着你的"。

当我们焦虑不安,最缺乏勇气的时候,我们要做的就是成为那个给自己勇气、给自己力量、让自己相信自己是拥有"勇敢"这个美好品质的人。

而当我们意识到,我们是可以选择勇敢的,也是足够勇敢的,自然那份不安与恐惧也会慢慢消散。

因为我们要相信自己是女战士。女战士是不会怕挑战的,因为她有足够的力量,帮自己一次次赢回来。

04

总有人说,女性容易在亲密关系中失去自我,究竟什么是"失去自我"呢?

我的回答是,当你一颗心全挂在对方身上,会在意对方情绪的每一丝波动,关注对方身边人的风吹草动,总能被对方的某句话、某个眼神及他身边的某个人随便牵动情绪,当你开始让渡自己的选择权,把让自己快乐或难过的权力交给别人,那就只能丢弃盔甲,露出肚皮任人宰割,失去自我。

我知道有一些尚未进入亲密关系里的女性,在看到这番话后,肯定咬紧了牙关暗暗对自己说"以后的我,千万不能这样"。是啊,我们曾经都是这么想的。我年少时,每次看到在感情里失去自我的女性,也曾十分痛恨这种行为,特别想拎起对方的耳朵对她说"你怎么这么不争气,为何非要被他人牵着鼻子走,你自己就有让自己幸福的能力",这是我曾经抱有的念头。

但是我们都忘了一件事情,纸上谈兵容易,真正放到现实环境里,又有几人能够时刻做到呢?婚姻对女性的影响是悄无声息的,是潜移默化的。当你刚开始爱上一个人,可能会时不时提醒自己"我还要留出时间和精力做自己的事",但是长久地生活在一起,当你看到对方的疲惫、狼狈、憔悴后,母性特质就会忍不住发挥作用,你总是想为对方多做一点,再贴心一点,再多付出一点。在这日复一日的生活中,你付出的越来越多,沉没成本就会越来越大,你会逐渐越来越在意这段关系,越来越在意这个人。

正如你不知道,究竟是从哪个时刻开始,你已经为对方奉献了这么多。在不知不觉中,你已经不断沦陷,开始越来越在乎这段关系,越来越在意这个人。

有时,越在意一样东西,在面对那样东西时,你的行为越容易变得失去自我。所以你会开始患得患失,会密切关注着对方的一举一动,会时刻担心自己失去对方。甚至于你会忘记要怎么样一个人生活,怎么样过好自己的生活。

所以回到开头的问题,我们要如何在爱情或婚姻关系中去安放那部分自我,去好好独立生活?

我的回答是:无论何时,无论何种境地,都要去好好工作,认真吃饭,保持健康,保证自己的快乐,尽可能地让自己过上美好的生活。关心自己的衣食住行,安抚好自己的情绪,把握好我们可控制的那部分，剩下的事情就交给时间。

无论有多么在意对方，都要明白，在成为对方的伴侣之前，你更是你自己。

而在我们保持那部分自我时，在面对感情里偶尔出现的不安与失控时，我们同样要告诉自己：**我们没有办法去控制他人的行为和思维，过分揣度对方的想法以及担忧你们两个人这段感情的未来，只是浪费时间，不必为此白白消耗自己的能量**。我们要做的就是让自己成为一个另一半不敢冒险，担心会因此失去的美好的人。人都是懂得权衡利弊的，所以当我们足够美好，足够有能量，当另一半意识到我们足够美好，足够有能量后，一定会去自我约束的。但如果他还是选择离开，那么表明他不值得拥有这么美好的我，而有着充足能量的我也会用自己的方式让他为他的选择付出必要的代价。同时我在看清楚对方不值得后，也会从这段关系里逐渐解放出自己。

在这之前我们要做的就是，好好生活，储备能量，成就美好，保持美好。

很巧的是，当我写完这段话时，我点的咖啡做完了。拿到咖啡，看着标签上贴着的那句啡快口令的那一刻，我突然对很多东西都释怀了。

系统给我随机分配的啡快口令是：自有明月照山河。

像是冥冥之中早已安排好的那样，生活似乎早已洞察到我近期的心结。于是，它在恰当的时刻，给了我这样一个答案来点拨我的内心。

烟火百味尝无愧,自有明月照山河。凡事不必苛求,也无须强求。交给时间,你在意的那些事情终究会有好结果的。

去做那个等得起结果,也能得到好结果的人。

给好好生活的你一朵小红花

01

周末在家做了小龙虾意面，我对成品十分满意，于是摆盘完毕后，掏出手机"咔嚓"拍了几张照片，发在了姐妹群里。我的本意是想跟朋友们分享我做的这道菜，毕竟这是我第一次尝试小龙虾意面，而且我一次就成功了，内心肯定是有小小雀跃的。

一个好友看到我分享的美食照片，马上在底下回我："文老师，你的生活太美好了，真是让人羡慕。"其余好友也在下面附和，夸我婚姻幸福，生活喜乐美满。我听出了她们话中的意思，她们以为这一盘小龙虾意面是我先生特意给我做的。

我略带调侃地回了一句："羡慕什么？是羡慕我自己能给自己做小龙虾吗？还是羡慕我能吃得起一份几十块钱的小龙虾？"

长期以来，世人都有这样一个刻板印象，若女性进入婚姻后依旧能够过得美好自在，大家就会觉得之所以她能够过得这般滋润，是因为嫁了一个好人家。他们会自动忽略女性自身在这份美好生活里所付出的努力，以及女性自身的力量。

但事实上，这份旁人眼中的美好且有仪式感的生活，并不昂贵。是否过美好的生活，跟你嫁给了谁，工作是什么，一个月挣多少钱，都没有关系。只要勤劳肯干，我们都能让自己过上这种有温度的生活。

就像对于一部分女性来说，获得玫瑰的其中一种路径是等别人来送。

但对于另一部分的女性来说，她们会选择另一种方式：**自己的玫瑰自己种**。

02

身边有朋友一直单身，年近三十才开始人生的第一场恋爱，她跟我讲了很多恋爱细节。她说她很羡慕那些在感情生活里过得很优渥的人，她也想过上那样的日子。于是，她为了让对方多疼惜自己几分，也为了让对方觉得自己从小生活得不错，把自己伪装成一个十指不沾阳春水的女性，跟对方说"我不会做饭"。

但实际生活中，她父母常年不在家，每年暑假都是她做饭给弟弟吃。在我眼中，她是一个很懂得生活的女孩子，平时喜欢做一些小吃，她每次给我分享自己在家做的小吃，我都发自内心地觉得她好棒啊。

所以，当我听到从她嘴里说出"我跟他说我从来不做饭""我同事说她结婚后也从来不做饭,我希望我以后也能跟她那样"时,我有种说不出来的可悲感。

我认为,她这番话的底层逻辑还是在讨好男性。很多年前,女性为了让自己能够被称为贤妻良母,努力地学习厨艺,学着操持家务。很多年后,女性为了让男性能够多怜惜自己一点,隐藏了真实的自己,让自己戴上另一副面具,扮演成生活不能自理的模样。

过去,"会做家务"是一种讨好另一半的工具;现在,假装自己不会做家务,也成了另一种形式的讨好与取悦。

后来,我跟另一个朋友聊起这件事,我说:"像我们这种快三十岁的女性,都开始放弃吃外卖,学着自己在家烹煮食物,照着小红书上的菜单在家煲汤、做西式料理,以及做一切自己想吃的健康食物,我们以有养好自己胃的本领而自豪。对我们而言,**能自主决定今日吃什么、放多少调料、食物做几分熟,是一种快乐的自给自足**。但是,我没有想到,如今依旧有人将热爱美食、热爱烹饪、足够独立,当成会让对方不怜惜自己的理由。我没有想到,二十一世纪的女性,会为了取悦男性不惜把自己包装成一个废物。"朋友对此也表示不理解。

朋友说:"这就是认知差异及选择差异,**聪明的人擅长利用自己的特长和优势,去和别人合作,达到共赢。弱小的人则选择'削足适履',宁肯丢掉自己的特长,也要把自己包装成迎合对方的人。**会不会做饭这种事情,又不能骗对方一辈子,再说,她口中所谓的另一半也只是普通打工族,那点工资也不够让她请保姆或阿姨,此刻装得再勤奋，真的在一块过日子了，该干什么还是得干什么。所以你也不必去劝对方，任由她去，等到她在名为'生活'的油锅里煎上几回，自会明白'做喜欢的食物填饱自己的胃，靠自己的双手将生活装扮成喜欢的模样，是多么美好的一件事'。"

以前社会经验稍浅的时候，在别处捡到几句"金玉良言"就容易当真了，总担心自己什么都能做会不会太独立了，如此这般独立会不会没人敢爱啊。年纪稍小，总爱把别人爱不爱我们归因为"性格够不够好""身材好不好""长相漂不漂亮""说话够不够好听或讨巧"。如今想想，这种想法真的道行尚浅。

待到我见过了更大的世界，认识了更多优秀的人，看到了更优秀的人是如何生活的，某个瞬间会突然明白：有漂亮的学历，好的见识，杀伐决断的能力，打碎牙也能吞进肚子里的忍耐力，从容、自洽、自在的心态，能够自给自足，甚至强强联合的硬实力，远远比长得漂亮，身材好更重要。在工作、生活里适用，在感情也同样是这样。

总之，你以为你"示弱"就会得到垂怜，其实并不是这样的。把自己包装成"这也不会，那也不会"的人，你吸引来的只是欣赏弱者的那类人。只有让自己成为足够有能力的强者，才有机会碰撞出强强联合的火花。

虽然，在自给自足的过程中难免会辛苦一点。但是人生是公平的，辛苦但心安，当下轻松但未来不明朗，以上两种生活法，只能二选一。

03

在这道题上我的选择是,我宁愿辛苦地活着,以此换取内心每时每分的安定与自由。

若是我付出过一定的努力,换来了人生的充实与美满,那我愿意去做这个交换。而在现实中,我也确实是如此做的。

二十岁时,我在网络上看到别人分享温馨晚餐、浪漫午餐、美味食物的照片时,我很羡慕,希望有一天自己也能这般,生活在有酒、有肉、有爱和温馨浪漫的环境中。所以,长大后的我便努力替自己去圆梦,我会照着网上的教程去学着煎牛排、做西餐;我会尝试在家做烤肉,自己配制蘸料;我也会遇到包装好看的酒就走不动路,一定要把那瓶酒买回家尝试一下。在一个适当的夜晚开一瓶酒,和爱的人一边聊天,一边吃着家庭自制的烤肉,品尝美食,也感受着爱。

偶尔我也会在社交平台分享自己的这份美好,身边总有朋友对我说羡慕我的生活,羡慕我爱对了人。但是,即便我的爱人的确很好,上面提到的也并不完全,只是故事的 A 面罢了。

故事的 B 面是,如果某日我突然想吃牛排或烤肉了,我会先在网上搜索食谱及教程学习做法。第二日,我再驱车去超市采购食材,偶尔另一半没时间,我就独自去买食材。如果我是独自去超市,除去买必要食材,我还会给自己买一两样喜欢的东西犒劳自己。买完回家简单清理食材,就可以开始制作想做的食物了。

毫不谦虚地说，大多数时候我是独自一个人完成上述步骤的。但是我从来不会自怜，也不会委屈地觉得为什么要自己独自烹饪。我不会这样。恰恰相反，在这整个过程中，我是快乐的，我是心甘情愿的，因为我做这件事并不是为了讨好我的另一半，而是在为自己做想吃的食物，是在帮自己过上想要的那种具有仪式感的生活。

年纪小一些时，我也羡慕过那种偶像剧般的爱情，等着另一半把一切都做好，女生只需坐享其成，当一只无忧无虑的"树懒"，我向往过这种生活。

但是某一日，我突然想明白了一件事，从此再也不羡慕这种感情。习惯是一个很可怕的东西，它像温水煮青蛙一样，能在无形中摧毁一个人。在感情里，如果一直习惯另一个人的付出与庇护，久而久之，自己的爪牙是会退化的。人是善变的，未来是多变的，我们都得承认这一点。如果某一日对方不再爱你了，他再也不想对你好了，他把对你的关心一下子全都抽走了，你还能适应生活的这一切吗？

说白了，如果一个人过分倚仗另一半的付出，那对于这个人来说，生活的一切美好也都是对方给的。既然是别人给的，那么就总会有别人不想给的那一天。

我向来不喜欢拿自己的生活做赌注，我喜欢踏实的感觉，踏实地爱别人，踏实地付出，踏实地获得。所以，我自己活成了自己的圣诞老人，一次次地帮自己圆梦，一次次地将生活装扮成我喜欢的样子。我生活的美好，都是自己给自己挣来的。

自己就能把自己的生活过成美好的样子，是我身上别人拿不走的能力与本领。

想要的玫瑰，我不再寄希望于别人给予。这一次，我选择自己的玫瑰自己种。播种好自己人生的种子，让自己拥有绽放绚烂的能力，这是我人生的底气，也是我心安的理由。

想要好运，更想快乐地活

01

周末下午，一个许久未见的朋友约我喝下午茶，地点选在了我读研时经常去也最爱去的那家咖啡厅。我们点了两杯喝的，点了几种可爱的甜点，挑了风景最好的座位，就开启了我们的对话时光。

今年是我们认识的第五年，记得刚认识的时候，我正在做我大学毕业后的第一份工作，她正在中传读研究生。那时，我做着一份并不开心的工作，她每日也焦头烂额地担心毕业与工作。那时刚刚二十岁出头的我们，都过得很焦虑。

五年后的今天，她有一份还不错的工作，从最初手忙脚乱的职场新人，慢慢升级成了如今对工作驾轻就熟的职场干练女性。我果断从第一家公司辞职，没给自己留任何退路地选择了考研，而后幸运地又回到学校里做了三年学生。六月研究生毕业后，我也如愿找到了自己想要的工作。

我调侃她说:"五年前我们刚认识那会儿,我在做我大学本科毕业后的第一份工作。五年后的今天,我们又见面了,我又在做我研究生毕业后的第一份工作,真是缘分。"

她问我:"所以,两次都是你新的人生阶段的'第一份工作',你对生活的感受有变化吗?"

我微笑着看着她,然后淡淡回道:"此刻我内心就一个感受,真好,这五年,我没白活。"

我又继续说:"不知是因为这五年我吃过太多苦,还是因为这几年坎坷不断,我好像早已习惯生活在一种艰难的爬坡状态下了,我对生活的忍耐力变强了。五年前,面对工作的艰辛,我会骂骂咧咧,会觉得一刻都待不下去,想要立刻辞职,会觉着工作让我的生活好痛苦。尽管在大多数人眼中,那已经是一份蛮不错的工作了。那时的我,还是太年轻,太稚嫩了。五年后的今天,我重回到职场,虽然依旧有心酸,有想在人生轴上快进的瞬间,有很多个想崩溃大哭的夜晚,但仔细想想,在我已经工作的这几个月里,我从来没有冒出过一次'我真的不想干了,我要辞职'的瞬间。"

更多的时刻,我选择忍耐,选择去直面问题解决问题,选择一次又一次跟我自己说"现如今的就业环境多么险恶,我有一份足够稳定,福利待遇还不错的工作,是多么的幸运"。

朋友听完我的话,回道:"我觉得不是你的忍耐力变强了,而是这几年,你活得通透了,所以生活也就顺了。"

那天下午,我们坐在咖啡厅,惬意地聊着天,分享彼此生活里的美好与趣味，互相鼓励着，彼此身上的焦虑都少了许多，增加了许多淡然与沉稳。我们终于变成五年前我们所向往的模样，有一份还不错的工作，然后足够沉稳，足够温柔，也足够美好。

那晚回家的路上，我回顾这五年我们走过来的路，脑中反复出现这样一句话：**自己顺了，生活也就顺了。**

02

我想起发生在我身上的另一件事，月初时，我去税务局缴纳了一笔稿酬的增值税，是按照出版公司要求的类目开的。税票开完，我还拍照给出版公司的财务，确认没有问题后才给对方寄了过去。

三天后，出版公司收到我寄过去的税票，没说有什么问题。十天后，出版公司的财务又突然联系我说税票开得不对，要把税票退掉，重新开一张。还有一个限定条件，出版公司必须在我开完税票的十五天之内把这张税票给报掉，不然后续会很麻烦。而她们跟我税票有问题，再把税票寄给我时，距离最后期限只剩下一天了。

好巧不巧的是，这张税票我还是在老家开的。也就是说，我得赶在税票日期的最后一天之前，抽一个工作日回老家解决税票问题。

那日，财务给我打电话说了这件事，在办公室接电话的我直接对她发了脾气:"你们为什么最开始不说清楚,之前给你们拍了开的税票,你们没说有问题,为什么快要到截止时间了又说有问题。我工作日也要上班,哪里抽得出时间回去重新给你们开发票?"

财务的脾气也不好,听完我的话,她在电话里语气也十分不好。最后,我很生气说了一句:"你们爱怎么办怎么办,反正我没有时间重新回去开,你们如果不在规定时间内把稿费打给我,就等着收律师函吧。"然后就挂了电话。

生气的时候是真的生气。但是随着年龄增长,最大的好处就是,生气归生气,气完之后,我会权衡利弊,会思考如何最快速、最有效地解决问题,让自己利益最大化。甚至在把自己的利益最大化的过程中,我不介意低头,不介意做那个先说对不起的人。

大多数时候,如果我先低个头道歉,就能让事情朝着我想要的方向发展,那么我愿意去道这个歉,并且我会觉得是值得的。

挂完电话半小时后,我的情绪慢慢平静下来,意识到自己刚才的态度太过分了。于是,我思考片刻,重新拨回了对方的电话,就自己刚才一时的情绪上头道歉,表明自己很忙,确实没有时间折腾,所以听到这个消息情绪就爆炸了。然后,我开始认真地跟对方沟通,还有没有别的解决办法。她们也很负责,帮我跟税务局一次次打电话沟通、协商。

最后,商议出了两个解决方案:一种是,我请假回家重新开一张税票;另一种是,我不需要重新再开一张税票,但我也享受不了税票的优惠,只能缴纳更高的税费,二者前后相差了四千多块钱。

二十岁时怕麻烦、不喜欢来回奔波的我,大概率会选择后者,权当自己吃了亏,损失一笔钱,而后骂骂咧咧把这件事跟朋友吐槽一遍。

但是,快三十岁的我果断选择了前者。三十岁的我,经过了生活的洗礼,有了崭新的金钱观。我不再觉得喜欢钱是一件丢人的事,相反,我现在更相信对于金钱,你越宝贝它,越珍惜它,它也越喜欢你,越往你的口袋里钻。

于是,当天下午,我抽出时间,跟领导请了半天假,回老家准备第二天重新开票。

但生活是一个很调皮的孩子,很多时候,往往我们特别想做的事,都不会那么一帆风顺。特别是我特意抽出时间,做好计划去做的事,往往不会刚刚好地做成。

这期间,又发生了另一个很巧也很不美好的故事。我请假回老家办税的那个上午,税务大厅的内网被门前修路的工队挖断了,所以他们没有网,办不了这个业务。问他们何时修好,他们说最早要下午四点左右。而我买了中午12点10分的动车,要赶在下午两点之前回到单位上班。

而我在他们这里开的税票,就只能在这个税务点作废掉重新开。所以,当我得知这个上午我好不容易请了假却办不完业务时,我的内心是崩溃的。那一上午我打了将近二十个电话,就是想找到一个解决问题的办法。

后来快到中午了,我必须要赶回武汉上班。我只好打了辆车去火车站。在去火车站的路上，我试着跟领导打电话，想看看能不能再请半天假，可是领导说下午有个很重要的会，我必须赶回去参加。我正在崩溃的时候，税务总局又给我回电话，他们说下午一定能修好内网，我的业务下午可以给我办。

又是这种两难全的时刻，就像以往经历的很多时刻一样，我的工作需要我马上回武汉，那张要开的税票又需要我在老家多待一个下午。

你若问我，在那个时刻该如何做出对的选择，我不知道。你若问我，在那些时刻，担心过吗，怨恨过吗，我的答案是没有。那时的我焦头烂额得已经忘记要去难过，要去骂骂咧咧了。

我只知道那个下午，我坐上了回武汉的车，赶在下午上班之前回到单位，没有耽误下午的工作安排。在当天下午的工作间隙，再次打电话跟税务总局说我的诉求，商量寻求解决办法。

我们最终达成一致的方案是，我下班后再次从武汉回到老家，赶在七点之前到达老家的税务局，他们安排工作人员加班到七点，等我到了以后帮我办税。

其实，换成别人，也许他们不会接受这个方案，因为来来回回的奔波真的很疲累，但我还是答应了。为了让晚上回程显得不那么辛酸，我还特意给家人打电话说晚上等我回去一起去外面吃饭。我试着告诉自己，就当我不是回去开税票的，只是回去跟家人一起吃一顿晚饭，还可以借此和家里人多待一晚上，多好的一次机会。

长大后的我们学会了尽量积极地去看问题，我曾经以为是因为长大后我们身体里的积极因素变多了，于是变得正面乐观了。但是在那个瞬间，我突然明白，**不是长大后的我们突然变得积极乐观了，只是人生很多时候需要我们努力地往积极乐观的方向去想，不然就真的没有动力再继续走下去了。**

再后面的故事便是字面上的故事了，我下了班，去火车站坐动车，回老家去税务局开税票，结束这场奔波。

那天，我还抽空发了一条微博：

"生活有时候就是这样。当你越着急想得到一个东西时，越是得不到。得耐心地等待，等火气降下去了，等心性磨炼出来了，等遇事不再着急，等某一日你不再介意是否拥有某一样东西时，一切你想要的便会自然而然、水到渠成地得到、拥有。"

网友纷纷给我点赞，表达自己的共鸣。一个朋友看完我这条微博，跟我说："我好喜欢看你最近更新的微博，总是能给人平静的力量，你最近的状态真好。"

我调侃地回了一句，那你是不知道我今天都经历了什么。然后，我跟他讲了我今天一天经历的事。他听完后，给我连发了三个感叹号，外加了这样一段话："我要是你，肯定早就放弃不去折腾了。而且，如果是我遇到这样的情况，我肯定把所有人都骂一顿，甚至可能会跟领导吵一架，坚持下午不回去，大不了被领导骂一顿。"

他又说："你真能忍。"

我回他："不是我能忍，只是我很清楚，不管什么时候，我都要保持清醒的头脑、健康的身体，然后再去解决问题。只有我自己理顺了，才能把问题解决。只有把问题解决了，我的生活才能继续顺下去，这是一个因果循环。"

03

前几日，有个学妹加我微信，想问我一些我们单位的招聘情况。

她问得很直接，她说："学姐，我有三个问题想问你。第一个问题，你们单位难考吗？第二个问题，你每个月工资大约多少？第三个问题，我在网上看到据说现在像你们这样的单位日子也不好过，工作也很辛苦，你每天上班开心吗？压力大不大？工作上会不会遇到很麻烦很多事？"

我又扫了一眼她发过来的一连串问题，只简单回了一句话："任何工作都是辛苦且麻烦的，但会生活、想得开的人，在哪里都能过得开心。"

我办公室的几个女同事每周一都会带一束花来办公室。有时是向日葵，有时是玫瑰，有时是绣球花，还有时是一些我不知道名字的花儿。她们周一来到单位，就把那些美丽的花简单修剪一番，然后插在花瓶里，装扮自己的办公桌。

她们基本都有健身的习惯，每周有那么几天下班后，她们或去健身房，或去舞室，去酣畅淋漓地运动上一个多小时。据我所知，她们中有的人在坚持跳民族舞，有的人在坚持做普拉提，有的人在坚持健身。

有时，她们也会在办公室里吐槽一下工作，也会因为一些工作上的事情感到很生气，但生气归生气，她们从不让糟心事往心里去，吐槽完就翻篇。

她们的家庭、生活、工作都很美好，不知道的旁人可能会以为是因为工作真的很轻松，生活真的没有烦恼。但是只有我清楚不是这样的。她们之所以生活得那样美好，能保持较好的身材，获得在大多数人看来还算不错的人生，只是因为她们本身就足够美好。是因为她们有着好的心态，有着足够的生活智慧，有着还不错的工作能力。

她们把自己的工作、家庭都捋顺了，所以她们的生活才顺了。

过上顺遂的人生，是需要智慧和心力的。

所以如果你问我：工作会让你开心吗？我会回答：当然不会，从工作的一地鸡毛中随手拿起一根扔在我的办公桌上，都足够让我感到焦头烂额。

但是，你如果问我：工作会让你很不开心吗？那也不会。我之前吃了不少苦，求职的苦，工作的苦，自由职业的苦，考试的苦，写五六万字毕业论文的苦……所以当我再次面对现在这份工作时，我很感恩能够拥有这样一份工作，让我不必再在求职网站焦虑地等待人事的回应，这份工作的工资足够养活我自己，足够支持我买我想要买的东西，它足够稳定，也给足了我生活的安全感，这是我个人工作心态的转变。

当我想通这些事后，整个人也变得开阔了。

我知道任何职业都是辛苦的，没有例外。所以当我面对工作中的一地鸡毛，我不再选择抱怨，我选择闭上嘴，蹲下身子去把地上的鸡毛一根一根捡起来，处理掉。

我始终记得毕业季，室友找到了工作，而没找到工作的我还在全力准备一场又一场的考试，那种无助与慌乱实在是太让我感到焦虑了，我再也不想回到那种状态。所以在面对现在这份工作中很多很细碎、很折磨人的瞬间，我开始变得能够忍耐了，这是我拼了命考试得到的工作，是我用无数的汗水与眼泪换来的，我决定珍惜。

我知道，世界上总有一些人，即使我们有相同的境遇，有相同的烦恼，处在相同的位置，他们能将自己的生活过得比我更加风生水起。他们会抽空去城市附近的景点游玩，他们会利用节假日去旅游，去看看世界，他们会将自己打扮得很好，他们会过得很快乐，会想尽办法让生活变成自己喜欢的模样。我想成为这样的人，我也在试着成为这样的人。所以，**当我面对工作里的糟糕时刻，我选择尽量换个角度去看待，尽可能地积极去思考、去应对，尽自己最大的努力去改变自己生活的处境。**

这一次，我选择快乐地生活。

我选择享受生活，选择学会等待，学会成为那个拥有魔法，可以用魔法改变自己生活的女孩。

而当我开始这般去生活，不再拧巴，不再纠结，不再内耗，当我整个人变得更加舒展，我发现我的生活也慢慢变得更加顺利。

我开始能够更好地去应对我的工作，让工作上的烦心事也保持在我的可控范围之内。我开始学会示弱，在必要时，我会有意地跟身边同事强调"我之前也没有类似经验，不清楚究竟应该怎么处理这件事,比较年轻、稚嫩,想来请教您一下怎么做"。以前的我很不屑于这样做,但如今的我认为,如果能因为我说了这样的话,就能找到解决某件事的方法,那才是最高效的办法。当然,在另一些时刻,我也懂得让自己的强大显露出来,让对方知道我是有能力的,毕竟专业能力才是我们最终的立命之本。

我选择主动去筛选身边的朋友,不再像从前那样,因为我们认识得久,所以即使对方变了,即使我们相处得不快乐,也不会选择放弃这段关系,而是独自生闷气,独自思考"对方为什么会变成这样"。现在的我不再会这样了,我开始相信人都是会改变的,在不同的人生境遇里,在不同的生活环境里,在不同的挑战面前,在不同的机会与诱惑面前,我们都会改变。所以如今,如果在某一次对话中我突然发现和某个朋友的价值观已经不一样了,我不再会因此生气,也不会一次又一次地跟身边的其他朋友吐槽"她之前不是这样的,为什么她要这么说,为什么她现在变成了这个样子"。不会了,现在的我学会了节省心力,学会去承认"人都是会变的"这个事实,而后选择默默地远离。

我选择以更加积极地心态去应对生活,也许未来某一天我会再次走上一条布满荆棘的路,但我相信,吃过足够多的苦,肯努力,也有一定能力的我,只要心中的那口气不散,总会有办法让那条布满荆棘的道路开出属于我自己的花朵,就像我人生中经历过的很多次那样,一次次地化险为夷,一次次地送自己走向更高更远的地方。

所以,不管即将面临什么,不管未来可能遇到什么,对我来说都不重要。因为焦虑是无用的,抱怨更是不必要的。

我们当下只有一个任务:**认真打磨好自己,修炼好自己,稳定自己的内核**。此刻,你只管磨好自己的那把剑,不要急,等到拥有足够的耐心和专注后,等到必要时,再拔剑去大杀四方即可。

只要让自己过顺了,总会有属于你发光发热的那一天的。

CHAPTER_4

**把自己重新养一遍，
既是投射，也是保护**

活成一朵云的姿态，自由、自在、自如

01

前两天，我跟我的心理咨询师聊天，倾诉了近期我的"难过"时刻。这种难过，不是情感意义上的心碎、悲伤、痛苦，而是时常真切地感受到当下每一个时刻都过得好艰难。

生活似乎是真的艰难。无论是学业、工作、生活，都有一地需要我一根根收拾好的"鸡毛"。我时常感觉生活中有很多障碍，有好多个需要我经历煎熬才能挺过去的时刻，有好多件我没办法"轻拿轻放"去处理的事情，它们都需要我非常努力才能够完成。

这些"障碍"存在于我的生活中，阻挡我去轻松、快乐地过好自己的生活。

那些年被写在课本里，在我学生时代怎么也体会不到其中真正意思的情绪词"悲伤""生气""难过""焦虑""恐惧""紧张"，在工作后的这两年里逐渐变得具体。我只能学着将这一切

归结为成长过程中必须经历的东西，它让我更能理解"吃苦"的含义了。

在我说完以后，我的心理咨询师回了我这样一句话："但是你知道吗，即使换一个新的环境，换一批身边的朋友，换成了另一种生活，你也同样会再次面临这些问题。这是你这辈子都要面临的成长课题，是每个人都躲不掉的。"

她又说："每个人都有自己要面对的课题，有人将他们的课题称为'烦恼'，有人将之称为'霉运'，有人将之称为'宿命'。而你把它称为'障碍'，也就是阻碍你通往理想生活道路上的障碍物。

"但它的真实名字其实不叫'障碍'，只是你把它当作了'障碍'，当你觉得它是'障碍'时，它就真的成了你的'障碍'。"

02

那日咨询结束，她给我布置了一个作业：用另一个更准确的名词，去概括我口中的"障碍"。

我开始很认真地观察身边存在的那些"障碍"，有我自己的，也有别人的。

对于三十多岁，正在准备研究生考试的朋友而言，她的"障碍"是：在这个年龄选择考研带来的巨大压力，除去要背熟十几本参考书，她还要分出精力给孩子和家庭。她每日在家庭与学习的矛盾中挣扎。两耳不闻窗外事,一心只读圣贤书,对不起孩子和家庭;挪出时间陪孩子,对不起自己的努力。我经常在夜里十二点收到她发来的微信,有时就是很简单的一句话"长长,我的选择是对的吧?""长长,我能考上的,对吧?""我要加油"。我每次都会认真回复一句"是的,我相信你可以的"。

对于同门师妹而言,她的"障碍"是:每次开会都被导师否定,论文的进度迟迟无法推动。毕业的压力,写论文的焦虑,难搞的导师,求职的不易,以及每日三到四次的自我怀疑,这些都沉重地压在她身上。以上每一件事看上去只用几个字就能写清楚,但随便一件事拿出来,都足以成为在深夜久久不能安稳入睡的理由。

对于有着稳定工作的朋友而言,她的"障碍"是:工作繁重细碎,经常需要加班,仅凭她一人之力,似乎也无法在这座城市站稳脚跟。她渴望爱情,相亲了很多次,但迟迟遇不到那个正确的人。看着身边的朋友一个又一个地结婚了,她内心是十分焦虑的,焦虑婚姻,也怕错过最好的生育年纪。

以及我的博士师兄师姐们,他们也有自己的"障碍"。他们的"障碍"是:有的延毕了两年,迟迟无法毕业,学校从今年开始也不提供住宿了;有的论文不停地修修改改,一直发出不来;有的因为科研压力大,无法兼顾家庭,导致夫妻关系十分紧张。

……

这些所谓的"障碍",以不同的表现形式,存在于我身边每一个人的生活里。

03

其实很多人不知道的是，在我重新回到学校继续读书前，有一段时间里我很焦虑，内心感到压力很大。在那些时刻，我很向往回到高校的环境与氛围之中，我很佩服那些不问世事、专心在高校做学术研究的学者。我一度以为，正是因为他们的工作环境简单，所做的工作有意义，是因为他们只要付出努力就能得到收获，所以他们自己才能谦逊、平和、博雅。

但是当我真正接触过他们，我才发现并非如我想象的那般。他们也会有压力，他们也会遇到"障碍"，也会有翻不过去的难关，也会很长一段时间停留在原地寸步难行。

可是让我觉得很感动的地方是，即便大家都被生活伤得遍体鳞伤，即使内心缝缝补补了很多次，但是谁都没有退缩过。他们都很勇敢，不管遇到什么，也依旧非常努力地往前走，让自己努力地在人生道路上向前再走一点。甚至在我每一次崩溃时，都是他们用自己的勇敢与智慧接住我，告诉我要如何去处理。

正因为他们淋过雨，所以即使他们也面临着生活中的"障碍"，他们依旧选择去帮助身边的人，给身边的人"撑把伞"，依旧努力地去鼓励着身边的每一个人。他们依旧生活得顺风顺水，时刻展示着自己包容且顽强的力量。

他们让我开始重新审视"障碍"这个词。那些让我觉得很难过的关卡，真的是阻碍我通向幸福生活的"障碍"吗？

我再次思考后的回答是：不是。

我总是不得安宁，心中焦虑嘈乱。总是安慰自己：这只是暂时的，等我有了房子就好了。可我知道，我正在离那座房子越来越远。

那一瞬间，我突然找到了我要的答案。

04

每个人的生活都充满着所谓的"障碍"。高中时，父母跟我们说，高考完了就好了，那时，高考是我们生活的"障碍"；大四毕业那年，想着考上研究生就轻松了，研究生入学考试又成为我们生活的"障碍"；研究生毕业那年，想着顺利毕业后找到工作就好了，那一年，毕业、找工作，成为我们生活的"障碍"。进入社会后，想着等我有了房子、车子就好了，结婚后就好了，生完小孩就好了，小孩长大点就好了，小孩读大学了就好了，小孩毕业自力更生了就好了……我们的生活里充斥着家庭赋予的、社会赋予的待完成事项清单，我们从小到大，是伴随着"等我完成某件事就好了"的声音成长的。

久而久之，我们也慢慢成了我们父母那样的人，一次次地对自己说"等我完成什么什么，人生就可以轻松一点了"。我们不断地把自己的幸福生活建立在完成某件事上，好像只有考上研究生并且顺利毕业，只有找到好工作，赚了很多钱后，我们才配幸福。

不是这样的。

幸福不是"我要达成什么样的成就才可以"，幸福也不应该是未来等待被兑换的奖券。幸福是不管当下要面临什么，依旧好好地吃好每日三餐，按时完成每日的计划，照顾好自己每日的心情。

当下待完成的事项，也不该被当成生活的"障碍"。因为这些"障碍"，正是我们生活的一部分。就像我们要在最寒冷的冬天，学习如何给自己保暖以抵御严寒，那些"障碍"，也只是每年冬日会遇到的那几次严寒，坏天气总会过去的，我们要做的就是在严寒到来时，裹紧衣服，好好吃饭，照顾好自己的身体，活下去。

此刻，我也已经想好该如何回答心理咨询师的那个问题。

我所面临的一切，那些待完成的事项，那些压力与焦虑，那些不知道会如何发展的未来，它们都不该被当成人生中的"障碍"。它们是我生活组成的一部分，是生活迷人的地方。

我不愿将之称为"障碍"，我不想过早地预判它们一定会阻碍我的人生，一定会让我的生活变得艰辛，我们不该给自己如此消极的心理暗示。

此刻，我更想将它们称之为"人生盲盒"。在"盲盒"开启之前，谁都不知里面藏着的究竟是什么。但是，"人生盲盒"里有什么的内容，由此刻我们的行动去决定。

我们是可以决定往自己的"人生盲盒"里放什么东西的人。

而我这次放进的是"美好机遇",此刻发生的一切,都将会带领我们去往更美好的地方。

祝你也拥有美好的人生际遇。

允许他本是他，也允许我本是这样的我

01

前几日，刷到很久之前认识的一个人发的照片动态，我点开照片看了一眼。没有想要冒犯对方的意思，但忍了很久我还是想说，尽管每张照片里的她看起来都很美，但是每张照片里的美颜滤镜都让她的皮肤无比的白皙，找不出一个斑点和一丝缺陷，看起来真的很没有生命力。

我注意到，在那几张不笑的照片里，她嘴角是自然下垂的，脸上有着掩饰不住的疲惫感。后来，我又从另一个朋友那里得知，她这几年生活得有些艰难。她想通过考试获得一份好工作，在这条道路上挣扎了好几年，每年都会不停地备考，每年都会参加几次考试，可是每次都是落榜。她日复一日地承受着失败，尝不到一丝生活给的甜头，甚至这份失败已经成了心魔，确实是挺艰辛的。

想起年少时我偶然刷过的一句话，原话记不清了，只记得大致意思是：我们的面相是由我们自己决定的。

当一个人长期感到不快乐，"痛苦面具"戴久了，你就会发现你的嘴角开始习惯下垂，脸上总是有掩饰不住的疲惫；当你每天的生活都积极且美好，总能发自内心地去微笑，去感受幸福，长此以往，你的嘴角和脸上的肌肉都会是向上提拉的状态。

所以那日，看完她的照片，我跑到镜子前，试着让嘴唇放松，呈现自然的状态，认真端详镜中的自己，嘴角是向上提，还是向下垂。

也是自那时起，我每日会睡前习惯性地问自己一句"今日是否遇到了能让你发自内心感到开心的时刻"，如果有，就再次去感受这份美好，然后提醒自己要带着感恩之心，发自内心地微笑一下。如果没有，就马上做一件会让自己发自内心开心的事，或是看一段自己喜欢的视频，或是跟自己很想见的一个朋友聊几句，再或是爬下床吃一口自己想吃的食物。总之，要用心地取悦自己，认真地讨好自己。

我不想让自己长着一张被生活欺负过的脸，我不愿让自己脸庞上留下太多被生活折磨的痕迹，所以我决定从此刻开始，要好好爱护自己，从身体发肤到思想精神。

02

不知是从何时起，我对"美"的定义变了。

以前，我会把绝对的"瘦"作为"美"的定义，我羡慕那些很瘦的女孩。但是，现在我更喜欢充满力量的身材，可以有小肚子，腿粗也很有力量感，如果再有些运动的痕迹，那就更好了。

我跟朋友小莱聊起过自己审美的变化，我调侃说："或许因为我知道，我这辈子都没办法拥有白瘦幼型的身材，所以潜意识帮我改变了审美观，让我开始喜欢力量型的身材。或许这也是自己接纳自己的过程吧。"

朋友小莱回复我："有没有可能因为你发现瘦本身并不能帮你到达你想要的远方，唯有力量、强大，以及与野心匹配得上的耐力，才能帮助你得到你想要的。所以你的大脑聪明地帮你保留了更适合你人生发展的特质。"小莱是心理学硕士，研究方向是认知神经科学。所以，单就她的回答而言，我还是蛮喜欢的。

我是一个喜欢刨根问底地问问题的人，所以我后面再次认真思考过，这种审美变化的重要节点事件是什么。得出的答案是，运动。

说来惭愧，直到二十六岁，我才开始慢慢喜欢上运动。那时运动的目的，只为疏解内心的压力，疏解自己满腔的委屈和不甘心。在酣畅淋漓地运动完一小时，出完一身汗后，这种压力、委屈和不甘心都会随之消解。在运动过程中累到上气不接下气时，旁人的眼光、旁人的评价、旁人是否喜欢我，这些侵占内心的杂念，我根本没有多余的精力去思考。这些人、这些事，都变得没有那么重要了。我开始变得更加宽容，也开始学着更关心自己当下真正的感受，去倾听自己呼吸的声音，去享受汗水流下来的成就感。

后来，那些困扰我的人或事都早已离我远去，但我还是保持着运动的习惯。因为我发现每日运动一个半小时后，不管怎么吃都不会变胖。因为我知道"运动是一件好事"，所以光是坚持运动这个行为，就足以回馈给我很多的能量，它会让我感受到：哪怕我今天什么都没做好，但只要我坚持在运动，只要我在好好锻炼身体，我就是在好好生活。因为运动中会分泌多巴胺，这会让我的思绪变得活跃且积极，在多巴胺分泌的那些时刻，我会很想要好好地去生活，我需要这部分多巴胺让我保持积极生活。

在运动的过程中，我找到了自己真正想要的东西：无论发生什么事，我都希望我能充满生命力，充满力量，充满勇气地生活下去，去顽强地、漂亮地赢得每一次战斗。

在运动的过程中，我也找到了获得想要的东西的方法：在日复一日的生活中，适当地让自己暴露在一些压力下，去锻炼自己的抗压力，培养自己的忍耐力，以及积极地保持健康，保存体力，积蓄能量。做到以上几点，即便比不过旁人的爆发力也没关系，我们可以韬光养晦，比拼耐力和持久力。我始终坚信，只要在场上待的时间足够久，只要身体足够好，只要活得足够长，只要想赢的念头足够迫切，那么总会有翻身的一天。

这是我的生活哲学。我没有办法保证自己一定是最聪明的那一个，但在日复一日的训练中，我可以让自己成为那个走得慢一点，但一直在往前走，不断前行的乌龟。

03

我之前给一家知名的媒体写过很长一段时间的专栏，专栏主题是一些给年轻女孩闯荡"江湖"的建议。我记得很清楚，初定专栏名称时，编辑问过我一个问题：如果让你行走社会，只能选择两项技能，你要选哪两项？

我当时丝毫没有犹豫地说出了这两点：**极致的厚脸皮和强大的内心**。

现在，距离我被问上述问题的日子差不多三年了，三年后的我阅历增加了，能力变强了，漂亮话说得更熟练了，能熟练地在交际场合将漂亮话说到每个人的心坎上去。虽然我通过阅历的增加，更加明白在人间谋生，情商与专业能力的重要性，但如果把上面这个问题再抛给我，我的回答依旧不变。

首先，要有极致的厚脸皮。遇到想要的东西，敢于争取，敢于站出来表现自己，敢看着别人的眼睛自信地说出"我也很优秀，我也想公平竞争一下这个机会"。争取到了，那便多了一次机会；失败的话也没关系，没有人会觉得你差劲，你也不必觉得自己丢脸，真正的强者只会敬佩你的勇敢。还有就是，不用太把别人的眼光当回事，生活是留给勇敢的人的，勇敢的人会赢得这个世界，胆怯的人只能坐在一旁羡慕。

要拥有强大的内心。人间谋生，心碎的时刻有很多，伤心的瞬间也有不少，会变成狼狈不堪的模样，也会摔一个又一个跟头。

人生就是一场历险，会有很多受伤的时刻，有的"伤口"很容易愈合，有的"伤口"即使用再大的创可贴也包不住。 所以，会有一些人一旦受伤或难过，就把自己封闭起来。我能理解那种难过，那一定是真的很痛。

但是，我还是要说一句看上去很"不解风情"的话，逃避虽然不可耻，但是真的没用。我们想要的东西，不会自己跑到我们手中，我们想要的"星辰大海"，都要靠自己去打拼。

我也没有办法告诉大家应该如何去规避苦难，说实话，我作为一介凡人，也在生活的泥淖里摸爬滚打，走得很艰辛，才走到这里。

但我能够跟大家传递的观点便是：从现在开始，在日复一日的生活中去训练自己的思维，不要让困难成为让你内心变得苦大仇深的来源，去训练自己，让自己拥有"万物不为我所有，万物皆可为我所用"的心态。然后在每一次遇到难关时，学着给自己的情绪开一扇门，只要你还愿意去找，你还愿意再去努力一次，再去挣扎一次，总会有那扇门的，也总会找到的。

那份强大的内心底层逻辑便是：我可以像没有失败、没有搞砸那样，继续生活，继续努力。只要我不觉得自己失败，那便不是失败；只要我相信我会得到我想要的，只要我足够大胆地向生活祈愿，只要我相信自己的努力是有价值的，那么我就会得到我想得到的一切。

04

我和姐妹们在群里聊天,一个姐妹茵茵说:"我已经很久不跟别人吵架了,我现在生气的时候都不讲话,因为觉得吵架真的很累。生气消耗了我太多的情绪,所以现在很多时候,我的情绪还没有给出反应,我的身体就给出了反应,比如胸闷。"

我们纷纷附和,认为她说得对。没想到长大后的我们没有修炼成宠辱不惊的大女主,而情绪不再剧烈波动的原因,竟是我们的身体受不了太大内耗。

年近三十,我越来越注重养护自己的内心。内心的修养也没有什么高级的方法,只有一句:**学着把眼睛闭起来,把耳朵捂起来。任由别人群魔乱舞,我不看,我不听。**

随便你们去造作,我们自去多看我们想看的风景,多去听我们喜欢的话语。实在躲不过去,必须要听的时候,那就忍着听一听,听后找个时间,出去旅游一趟,看看祖国的大好河山,既散了心,又能洗洗眼睛。

总之,主打一个原则:绝不允许那些嘈杂的声音、吵闹的人,在我们的世界停留太久,我们可以礼貌地请他们出去。

如果实在觉得充耳不闻,视而不见的境界太难修炼,那便试着写写情绪日记。将每日的开心与难过完整地记录下来,为每日自己的心情状态打个分。过段时间,再复盘一下,数一数每天是开心的时刻多,还是悲伤的时刻多。

最后的最后,回到文章最开始的那一步。我们的面相,与每日我们的情绪息息相关。未来的你想要怎样的面相，取决于现在的你播种了怎样的情绪。未来的你想要什么样的生活，也是由此刻你自己的能量决定的。

所以选择权交给你，你是选择稳定内核、守护住自己的能量，还是选择让自己的情绪大起大落、郁结于心？

我的选择是：他人失控，我不必起舞。

首先你要快乐，其次都是其次

01

周六早上八点半起床，做一杯咖啡，端到书桌前，拿出电脑，打开未写完的书稿，开始我的周末生活。

我喝了一口依旧有些烫的美式，跟身旁的另一半说，果然还是要美式，这才是我喜欢的味道。另一半一直不太理解，如果喝咖啡是为了提神，有很多种口感和味道比美式更好的提神咖啡可以选择，为何我偏爱喝味道苦涩的美式，尤其在写作时，旁边必须放一杯浓浓的美式。

起初我的回答是：大多数时候，对着文档一行一行地敲字，十分枯燥乏味，尤其是当我没有什么写作思绪时，只能难受地对着电脑抓耳挠腮。此时，假如身边放上一杯苦咖啡，在思绪受阻时，喝上一口，苦上心头，也能时刻提醒自己"瞧啊，咖啡都这般苦，那生活里自然也会充满很多这般苦涩的时刻，忍一忍，没什么大不了"。于是，无论是考研、考公、写论文、写稿时，还是生活中遇到需要我集中注意力去看完并整理的一页页资料时，我身旁总会有一杯美式。我需要它们提醒我，你不苦，你的生活也不苦。

02

但如今我发现，那小小一杯美式，对我的意义已经不仅是如此了。

我已经控制咖啡摄入将近三个月了，在过去三个月里，由每天至少一杯咖啡，变为每周、每半个月甚至每个月才喝一次咖啡。在不喝咖啡的日子里，我像大多数人一样，按时上班，按时下班，困了就睡觉，睡醒了就起床。没有困到睁不开眼睛的时刻，也没有压力大到连呼吸都会变得有点困难的紧张时刻，更没有焦虑到凌晨一两点无法入睡的时刻。我的精神状态变好了，生活也规律了，焦虑的内心也逐渐变得平和。

但是与之相应的，我的表达欲也越来越淡，打开电脑写作的时间也越来越少，我的精神世界好像越来越贫瘠。我认真思考了很久，也没有办法在脑海中搜索出一句最近让我内心很受触动的话语。

我也曾经思考过，是不是我对咖啡已经形成依赖？以至于在没有咖啡的日子里，我的思维不再活跃，思绪不再发散。答案是否定的，在没有咖啡的日子，我日常的工作、生活，都能处理得很好。我的情绪是平和的、稳定的、不起伏的。

我在工作中很少失控，我的情绪稳定到同事们在办公室聊天，都会顺便夸我适应能力强，心态好。他们会说，某人刚来上班时，会因为不适应工作在办公室崩溃大哭，让领导们吓得不敢再找她做额外的工作。他们夸我成熟、稳重，身上的气场不像是一个应届毕业生。面对这些夸赞，我都只是笑一笑不说话。

其实他们不知道的是，我内心并不像他们所看到的那样快乐。每周总有几个下了班的晚上，我都要约上朋友去小酒馆坐一坐，几杯啤酒下肚，在酒精的作用下，我的精神和内心才能得以放松。

那日，喝酒喝到一半，我认识了十多年的老友老周问了我这样一个问题："有个问题我思考了很久，不知道怎么开口问你，但是我们已经是十多年的朋友了，我是真的想关心你，也很担心你的状态，所以，我得跟你说出来。一般人只有在过得非常不快乐的时候，才会经常需要酒精去释放压力。但是你工作稳定，没有什么人际烦恼，感情也不错，过着在旁人眼中让人羡慕的生活，那么你究竟为什么还是不快乐呢？你的内心究竟缺少了些什么？我觉得你自己要想清楚这个问题。"

很多时候，我们都得诚实地去面对自己。

03

在过去半个月里，我一直在思考，为什么现在的我会陷入长期低压、不快乐的状态？

那日，我刚好翻到去年此时自己写的专栏文章，我从未像那一日那样认真地翻看自己写过的文章。不带着嫌弃，不带着挑剔，不带着羞赧地看完去年下半年我写的所有专栏。看完后，我内心竟然有点感动。

去年此时，我的状态也不算好。每天六点起，我会运动一小时，在七点半准时出现在图书馆。在图书馆楼下的自动贩卖机买一杯咖啡，而后坐在图书馆九楼的自习室，一坐就是一天。忙着写毕业论文，忙着找工作，担忧着未知的一切。

我那时十分焦虑，看着身边同学都找到了自己心仪的工作，而我还不知自己的未来在何方，不知道心仪的工作会不会属于我。

我也会崩溃。记得很清楚，某天上午我参加完线上模拟考试，看到自己的排名很靠后，没有达到面试分数线，尽管那只是一场模拟考试，但我的心态还是崩溃了，在图书馆的座位上，我一张一张将试卷撕掉。越撕越激动，撕的动静越来越大，旁边同学纷纷看向我。我不想打扰大家，便一个人默默地走出自习室，坐在图书馆九楼大厅靠窗的位置，看着窗外，眼泪止不住地流着。我不知道我当下的努力究竟有没有用，我不确定我还会不会拥有理想的工作，我开始怀疑："我是不是没有自己想象中的那么强大，那么有能力，那么有天赋？"我害怕当潮水退去，大家都找到了各自的归宿，早早上岸，而我还在水中苦苦挣扎。

那会儿的我，一宿又一宿地失眠，在一个又一个睡不着的夜晚，瞪着眼睛一遍又一遍地刷新着社交媒体，然后被社交媒体的信息裹挟着。我越担忧什么，越在意什么，越害怕什么，社交媒体越是给我推送什么。

去年九月到十二月,我过得很辛苦,但现在的我其实很羡慕那时的我。足够生动,足够鲜活,足够顽强,足够勇敢。

那时的我足够勇敢,敢为自己想要的东西去坚持。尽管身边很多人都在说,各种各样的考试竞争越来越激烈,题目也越来越难;尽管当时身边很多同学虽然嘴上说着要考公,但他们很早就拿到了备选的企业 Offer,他们很清楚将未来完全赌在考公这条未知的道路上不明智;尽管在考前的一次又一次模拟考试中,我清楚地知道自己的实力还不是最强的那一个,但是从来没有想要退缩过。

甚至在压力最大的时候,我在咨询室当着心理咨询老师的面崩溃大哭,一边哭着,一边还恶狠狠地说着:"我真的很不喜欢他们散发的那种能量,为什么总要故意在我面前一次次说'那么多人报名争那一个岗位,你凭什么笃定一定是你',我不喜欢因为别人的话影响自己的心态。既然总有人会如愿以偿,为什么那个人不能是我?凭什么不能是我?凭什么明明是她们自己不相信这个人会是她们自己,还要跑来动摇我的信念?"

那时的我足够敢拼,站在人生十字路口,尽管我只有独自一人,身后没有任何人支撑,也没有怕过,一次又一次地告诉自己"你可以的""如果你不可以,那么别人也不可以"。凭借着这份孤勇与自信,我每天七点半就去图书馆,一页一页啃着资料,一道题一道题地攻克难关;离考试只剩一周时,身边所有人都去过情人节了,我选择直接告诉另一半"今年情人节我不想要任何物质性的礼物,我只想到达我想要的彼岸",在那一晚我不去自怜,也不去凑节日的热闹，在冷板凳上踏实地坐着，下定决心把几百页的资料复习了一遍又一遍。

终于，那一关，我闯赢了。

那时的我，身上有股狠劲儿，为了想要的东西杀伐决断，那些复杂的人际关系、负面的话语、旁人的评价，以及所有阻挡我去往理想远方的人或事，统统被我丢在身后，踩在脚下。

我很羡慕那时的自己。

我也很想那时的自己。

04

看完自己几十篇专栏的那个下午，我突然想明白为什么我过得不快乐了。

咖啡代表的不只是咖啡，它更象征着那个需要我投入时间、精力，需要我很努力才能到达的那个远方，那个彼岸。

曾经那个我想要的远方可能是完成某一本书稿，传递自己的态度，拥有自己的代表作；是写完五六万字的论文，获得学术界权威人士的认可，拿到那张渴望已久的学位证书；是拼尽全力，过五关斩六将，走过独木桥，获得那份体面的工作。那个远方代表的是我的理想、我的追求。

而这半年里，我戒掉的不仅是咖啡，我还丢掉了我的理想。

我不知道此刻的我到底想要什么。

日复一日的工作，写完一篇又一篇新闻稿，整理完一份又一份资料，应付好一项又一项检查，我的精力、时间都被日常的一件又一件小事消耗掉了。

我为这份工作做了很多事，足够认真、足够有耐心。我开始穿自己理想中大人应该穿的衣服，让自己看起来足够专业、足够成熟、足够靠谱。我学着像办公室那些年岁大的同事那样处理问题，试图让自己处理问题时看上去不急不缓、得体大方、滴水不漏。我学会在工作中收敛起自己的锋芒，没人知道"文长长"是谁，没人知道我除了学历以外的人生经历，没人知道我的性格与脾性如何，我学着在工作中成为一个和大多数职场人一样的人，虽然无趣但是足够保险。

可是我发现，这半年来，我很少为自己做什么事。

每天下班后，我的精力被琐碎的工作消耗殆尽，只想平躺在床上，毫无目的地刷着手机，或者干脆睡觉；我没办法跟别人吐槽工作上的压力，我很清楚，相比我身边同学的工作，我所面临的处境真的还好，但我又没有办法否认，这份工作中无处不在的隐形低压氛围，真的让我很累；我也找不到这份工作对我的深层次意义，我时常感觉我来上班只是因为这份工作可以让我获得一份不错的薪资和一时的稳定。

在这个谈个人理想、谈情怀的时代，我还是想诚实地面对自己的内心。我承认，我是一个需要靠情怀、靠理想、靠某种希望和信念活下去的人。

我完成了在工作岗位上作为一个人的社会价值。但我是一个极度追求自我价值的人，我需要属于自己的"自我价值实现"。

此时的我丢掉了我生命里的"维他命"。

05

我跟十年老友老周发消息，我说："我找到了我不快乐的原因，但好像这个难题一时半会儿也解不开。"

老周笑着回我："那我跟你分享一下我的'渣女'工作心态，就是把工作当副业对待，做完、做好即可，把生活当成自己的主业去经营，去尽可能过得精彩。"

在工作中消耗完精力，在生活中去敷衍着过日子，久而久之，只会越来越疲累。

快乐是有方法的。我们过好自己的生活，去尽可能地绽放自己，在生活中滋养好自己，才能有更好的状态去面对一切，正所谓张弛有度。

那天的最后，她看着我的眼睛，很认真地对了说了一句话："去想一想你究竟想做些什么，你到底想要拥有怎样的生活，然后去靠近，去成为。"

她又说："我相信这些道理你肯定都知道，只是暂时忘记了，作为朋友，我得提醒你'不要忘记去成为你自己'。"

后来，我很认真地思考了这个问题，然后选择和自己和解。

在从学生身份转变为职场新人的过程中，我原谅了自己短暂的迷失。我知道，在这样的人生十字路口，内心所承载的压力不比备考时的小，所面临的困境也同样很多。所以，我允许自己在这半年里迷茫、崩溃、困顿，我允许自己在难过的时候去借酒消愁，我允许自己清醒且克制地工作一整天，而下班后真的没有多余的能量去自律，累到只想躺在床上大口往嘴里塞高热量垃圾食物，我允许在这半年的放纵下体重逐渐飙升。

已经发生的一切，我选择接受。不去苛责自己，不去指责自己不会生活，也不去责怪自己为什么不能再自律一些，为何放纵自己的体重逐渐飙升。

接受，然后才能重生。

我与自己约定，在接下来的时间里，一定要更热爱自己、更热爱生活。

即使工作的责任心再重，也请留一点时间给自己，去生活、去写作，去在下班后的那几个小时里允许自己成为自己；即使工作过程中的压力再大，也请学会放过自己，学着将工作和生活分开，工作时间就做"小文"，下班后就努力做好洒脱自在的"文长长"；即使再想放纵，也请多爱自己的身体一点，去多做一些能够滋养自身的事，去健身，做瑜伽，去游泳，去塑造自己的体魄，而不是倚赖酒精的帮助分泌多巴胺。

那日看到一段话，觉得很治愈：

不要忘了把"玩得开心"作为生活的要义，致力于把世界打造成自己的游乐场，在生活中布置能够让自己感受到尽兴的游乐设施，投币即享，拥有阈值很小的快乐。

将人生当成一个游乐场，我们要做的就是在排队的时候学会耐心等待，学会在等待的过程中偷偷找乐子。其余的时刻，就尽情地玩耍，去玩得开心，玩得尽兴，不留一丝遗憾。

人生漫漫，要学会修炼自己，保持那份随时会为生活心动的能力。

我决定做一个随性的人

01

那日，在大学朋友群里，一位女性朋友小云张口闭口在那里说"哎呀，跟别人吃饭，我从来都没有机会买单，基本都是别人把单买了"类似的话，话里话外溢出了满满的优越感。

群里没有一个人接她的话。

每次还没吃饭前，她永远是那个最大声叫嚷着"某某某这次是不是你请我吃饭呀"的人，从未见她主动买单。工作更是如此，在基层工作了两三年，刚被提拔到市里，就特意跟朋友强调"自己年纪轻轻就当上领导"……

我没忍住私下跟朋友吐槽："她没必要在这装吧？"朋友表示见怪不怪："你又不是第一天认识她，她想来不会理解别人的痛苦，只会站在别人的苦痛上去展示她的生活。她不在意她的生活是不是真的比别人好，只是需要'我过得比别人好'的这种感觉。"

最终我还是在群里略带调侃地回了一句："我们是大学时期就认识的朋友，各自的大致情况也都清楚，完全没必要用自己莫名的优越感去丈量别人的生活。

"其他人应该都希望我们这个群不要变成攀比的模样，彼此都真诚一些，分享一些生活中的美好，给予大家力量与支撑，时不时互相鼓励一下，就挺好的。"

在我说完这句话，马上有朋友私聊我："她就是那种人，我们都清楚，所以没人理她。你何必搭理她，当没看到她说的就行了。你看你现在，直接在群里挑明，她肯定觉得你在针对她，到时候对你一肚子意见。搞不好，大家还会觉得你情商低，非要在这时候说这种话。"

我云淡风轻地回了朋友一句："我知道这些话很得罪人，但是没关系，我不介意。我又不稀罕她，凭什么要在公共场合忍受她在那里摆架子，搞攀比，无趣。

"再说了，在我这里，我情商的高低，得取决于对方是谁。在工作中，我用我的情绪价值去换薪水，换得别人对我的认可，我已经做好一个体面的打工人应该做的了。所以在生活中，谁都不要惹我，也别在我面前装，我真不伺候。"

朋友回我："你这性格不仅没被生活磨平，反倒越来越拽。"

对呀，余生，我决定做一个拽姐，真正地为自己而活，照顾好自己的情绪，保护好自己的能量，远离消耗自己的人或事。

02

二十出头时,我习惯"自我反省",面对旁人的负面评价,遇到不好的人,遇到不公的时候,我的第一反应是:"为什么又是我遇到这种事?我是不是真的很差劲?我的人生是不是就这么倒霉了?要不然为什么总是我遇到这种事?"

那时我年纪小,总爱暗暗地在心里反复思考别人的某几句评价、某几个行为,经常性地怀疑自己,习惯性地内耗,日常状态总是不开心。

在二十五岁的时候,我还因为类似的事去进行过心理咨询。记得很清楚,那时的我,坐在心理咨询室,一遍又一遍地问着咨询师:"我明明做了很多事,我明明足够优秀,但是为什么他们还是不喜欢我?为什么我还是会遇到这些倒霉的事?"那时的我正为某次投票里,别人投给我的反对票而难受。

我的咨询师从来不会直接给我答案,她总是一旁默默地听着我说,时不时反问我:"那你做了哪些事呢?""那你是如何定义倒霉的呢?""那你觉得你眼中受到喜欢的那些人,他们比你多做了什么呢?"

二十五岁的我非常坦诚,我看着咨询师的眼睛,一字一句地回她:"那些被别人喜欢的人,更懂得迎合别人。那些人会把微笑挂在脸上,逢人就打招呼,给人一种很好相处、很善良、很温柔的模样,但是我做不到。"

我说:"我每天一大早就背着书包出门,要不然去图书馆,要不然就随便找个咖啡店,学习一整天,或者写一整天稿子,我已经将我的所有精力分配给了我的学业与工作。所以,在一天结束后回学校的路上,我已经疲惫万分,连话都不想说,更别提逢人就笑语盈盈。我做不到。我只能让我的脸庞保持最放松的状态,看上去就是面无表情的'臭脸'。"

咨询师示意我继续说下去,我说:"所以,他们很多人每次看到我时,我呈现的都是一副极其不好相处的'臭脸'。人类都一样,我们会喜欢那些喜欢我们的人,我们也会不喜欢那些不喜欢我们的人。所以,当他们看到我一副'臭脸',误以为我不喜欢他们,然后拿出同样的'臭脸'对我。"

所有的疑问,在那一刻,都找到了答案。

我的心理咨询师在听了我极度坦诚地自我剖析后,很认真地对我说了一句话:"你看,所有的东西,都是有标价的,也是有代价的。你选择把精力花在你觉得值得的事情上,比如写作、学业,与此同时,有人选择将精力花在维系人际关系上,那么势必他们做别的事情的精力会相对减少。所以,你写出了作品,完成了学业,失去了被所有人喜欢的可能性。而他们赢得了大家的认可,但是在我们不知道的背后,他们也在失去一些东西。"

我们每时每刻都在做选择题,有人选择"被所有人喜欢",有人选择"轻松地活着",这些选项本身没问题,无论选什么都没有错。但是,**我们要认清一件事:任何选择的背后,都有得有失。我们不能一边得到这个,一边遗憾没拥有那个。我们得学着为我们的选择买单。**

03

这几年，我一直在思考这个问题的答案：我究竟要怎么样活着？我究竟是想成为一个人见人爱的万人迷，还是成为专注只做自己想做的事，但极大可能会被某些人不喜欢的那类人？

二十八岁的那年，我像是突然开窍了，果断且坚决地按下了我心中选择的答案按键。

我选择做工作中的拽姐，让自己的专业能力变得足够强，强到当我对上那些不爽我的人的眼睛时，能够有底气地用眼神、用行动告诉他们："对呀，我就是这么拽，你们就算看我不爽又能怎么样呢？你们又动不了我。"

我选择做生活里的拽姐，自身足够努力，足够专注，在人生的关键节点足够敢拼，即使好几个月都必须通宵去努力，即使时常感觉自己已经到达自身的极限了，也要努力撑住，这样才能得到那个想要的漂亮答案。我选择用我每一次的努力，换取一生的安稳。

我选择做人际关系里的拽姐，我有足够高的情商，我也能很好地待人接物，我也知道在什么时候该说什么话、做什么事，这些我都懂，也很擅长。但是，我只愿意把我的得体大方留给值得的人。大多数时候，我选择将个人状态调整为"休养生息"模式，拒绝刻意讨好，拒绝取悦，拒绝说一些需要我做很久的心理建设才能说出来的话，也拒绝内耗。于我而言，拒绝内耗的最好方式是，情绪波动的时候，能选择视而不见，就把眼睛闭起来，再把耳朵关起来；实在不能回避的时候，有话就当场说，有不愉快就当场表达出来。无论你是谁，只要你让我感到不舒服了，那么我就会表达出来"你做的这件事让我感到不舒服"。

如果你问我：人际关系搞砸了怎么办？那我会回答：砸就砸呗，权当是在清理身边不健康的人际关系。如果抱着即使搞砸这段关系也要说完这番话的心态，那说明这段人际关系在我生命中是一段既不健康也不重要的关系。所以，在那样的一段人际关系中，我选择保全自己，考虑自己，爱自己再多一点。

当然，我也知道，我们所做的选择，都在冥冥之中标好了价格，既是价格，也是我们做出这份选择需要付出的代价。**我清楚我选择这份"拽"的背后需要付出的代价是什么，我选择了做自己，选择了不迎合他人，选择了在人际关系里轻松地活着，那么就要承担这份人际关系背后的"不被喜欢"与"不被理解"**。这份"拽"背后的代价是，必须付出足够多的努力，让自己足够的专业，足够的优秀，拥有不被取代的价值与能力，才能有底气地"拽"。

而我愿意拿我所拥有的那部分努力、专注与自律，换取我想要的那部分底气。

做个闲人，内心强大，逍遥自在，迷人可爱

01

近一周，伴随着换季，我的身体也跟我来了一场大换季，感冒了。这是近几年来，我感冒最严重的一次。

昨天我吃完药，倒头就昏睡了几小时，等我清醒过来，跟另一半说："不知是我最近太困、太累，还是感冒药的功效太强大，好几次我迷迷糊糊要醒过来，又昏昏沉沉睡过去。感觉有人用一双手压着我，不让我醒来。"另一半笑着对我说："你最近太辛苦了，借着感冒这个理由，可以理所当然地休息一下了。"我笑了笑，没说话。

第二天，闹钟响起时，我照常起床，穿上衣服，洗漱完毕，准备去往图书馆。得知我又急匆匆准备外出了，另一半很生气地说，我昨天答应他躺在床上好好休息一天，怎么今天又要出门了。我晃了晃脑袋，转了个身，还特意蹦起来跳了几下，回他一句："你看，我的感冒已经好了，我没事了。"

我怕他不相信，还故意调侃地说了句："你知道为什么前几天我的感冒没有那么严重，昨天突然变严重了吗？因为周一到周四，图书馆全天开放，我不允许'病毒'战胜我；而昨天下午图书馆闭馆，我想着既然图书馆要闭馆休息，那我也就休息一下，于是才放下了戒备，这才让'病毒'战胜了我。"

说完我还补充了一句："我是《老人与海》里的那个老人，谁都不能战胜我。"另一半心疼地看着我，然后对我说："你知道老人最后还是被战胜了吗？而且，你不用让自己当那个'逞强且辛苦'的老人。你有很多退路，有很多其他的机会，甚至还有我在呢，你只需要做健康且快乐的你自己就好。"

另一半这份无理由的相信，是近来让我的状态变得越来越好的一个重要原因。

02

状态变好的另一个原因是，我慢慢地学会了让自己从复杂的局面中抽身而出。

我最近时常提醒自己一件事，那就是如果常常带着抱怨和愤怒看待生活，或是经常说一些情绪波动很大的话，经常动自己体内的那部分气，那么五年后、十年后、十五年后，整个脸就会慢慢变成一副斤斤计较、怨念很重、神情紧张的丑陋模样。

我不想再这样。

所以，我每次想吐槽一些事的时候，或是想说一些难听的话的时候，就会跑进洗手间，看着洗手间的镜子里的自己，反复对自己说"不能动气呀，要美好、要积极，这样以后才会拥有一张美好、舒展的脸呀"。

朋友跟我抱怨她身边的奇葩同事，我只淡淡一笑，回一句："做好你自己该做的就好了。"不会再像以前那般急躁地因为朋友给我传递负面情绪而生气，从而破坏自己原本的秩序与磁场。不会了。如今的我学会了不评价，也不加入朋友们的吐槽，珍惜自己的每一分精力，也注意自己说出口的每一句话。

不会再像前段时间一样，非要在这几分地上争个输赢好坏，也不再执着于争取眼前某个领导、前辈的夸奖或喜欢。这些都无所谓了。当我想清楚，我的未来还很长，我还有很多的机会与可能，我也不会因为某个人的某句批评或夸奖就走得更艰难或更容易，一切就都释然了。那些虚幻的关系，某个奖励，某个人的肯定与喜欢，那些东西我都不要了。你们想要，那便拿去。

正如有个成语"无欲则刚"，当我不再害怕失去，也不强求得到某一个东西，专注走好脚下的每一步后，我发现，生活里的一切好像都变得轻松且容易了，让我不快乐的存在也随之变少了。

03

我慢慢地把放在别人身上的注意力收回来，放在自己身上。

不可否认的是，在这过程中，我也有感到些许焦虑与自我怀疑的时刻。

当我开始专注自己的人生，依旧会碰壁、难受时，我也会焦虑，也会开始怀疑自己。

我曾经在心理咨询室里，哭着跟我的心理咨询师说："我感觉现在的自己好差劲，前几年的处境明明比此刻更加艰难，但那时的我好坚强、好强大。如今好像随便一件事，都能让我崩溃与无助好久。是不是我自己变弱了？是不是我的内心没有以前强大了？是不是我的人生在退步？"

我一连发出了很多疑问。

"世人都说，你要专注自己，做好自己的事。但是我不明白，为什么在我专注自己，想要专心做好自己的事时，我还是会遇到那么多的困顿。致命的是，在遇到每一次困顿时，我都会深深怀疑自己是不是变弱了。"

她没有安慰我，也没有急着给我灌鸡汤，只是缓缓地问我："那你想象中更强大的自己是什么样子的？"我想了想，将我想象中更强大的自己具体地描述出来。她又问我："你觉得现在的自己什么地方让你觉得很弱？"我回她："在高位者面前，我扮久了卑微的低姿态，久而久之，我慢慢觉得自己好像就是在他们面前表现的那般弱小、卑微，没有什么主见。"我继续说："在人间谋生，总有些身不由己。我承认那一面也是我故意表现给他们看的，因为对方喜欢那一面。但是扮久了，慢慢地，我都快忘记了自己原来是有周全自己的能力的。"

我毫不掩饰地跟她谈论自己生活中那部分很世俗、很谄媚的东西。我说："我以前是一副看不惯所有人的样子，很张狂、很嚣张，从来不肯跟谁低头，固执且坚定地相信自己做的每个选择，而我恰好也有那个能力把自己做的每个选择都变成正确的选择。我现在拥有的很多东西，都是靠我就是不服气的那份心气得到的。

"但是，在这里，我好像慢慢把那份心气丢掉了。"

04

然后，她问了我一个问题："如果这些年，你依旧如之前那样，张扬、嚣张，你觉得现在的自己会怎么样？"

我笑着回了一句："大概会被整得很惨吧。"

坐在我对面的她听完这句话也笑了。她对我说："其实我们的身体比我们想象的要聪明且诚实，它会根据不同的环境塑造不同性格的我们，以此让每个人都能够适应这些环境。示弱也好，逞强也罢，这些都是我们的身体在用它的方式保护当下的我们。换个角度想，你是一个很灵活的人，在不同的身份，不同的场合，不同的情境下，可以做不同的自己，且都能让自己生活得很好。**偶尔学着造势，偶尔顺势而为，有时很自我，有时也能听得进去别人说的话，有时能示弱，有时能让自己野蛮生长，这是好事。**"

我说："但我现在不想要这样'弱势'的自己了，我觉得这样的自己，不适合我接下来要走的那段路。"

她说:"所以你发现了问题,你提出了问题,你跟我倾诉了这个问题,你在积极地寻求这个问题的解决办法,这就是解决问题的过程,我想你的身体会听到你的诉求的。"

听她说完后,我笑了笑。我说:"我懂了。"那个倔强且顽强的我,一直在我的身体里面,从未消失,只是过去的那段日子里我不需要它,所以把它藏了起来。但它也从未离开过我。既然此刻我需要它,那便把它放出来,把那份能量重新找回来。

那日心理咨询的最后,她跟我说了这样一句话:"你很聪明,对事物的感知能力很好,也在一直不断地自我探索。你要相信,未来的自己,一定比过去的自己更聪明、更灵活。"

那日之后,我很少会因为在当前专注自身过程中遇到问题,而怀疑自己变弱了。对于"内心强大,专注自己"这句话也有了新的理解。

内心强大,不是不能脆弱,也不是不能犯错,更不是不允许自己崩溃或者难过。专注自我,也不是避免再次遇到困难的保命法则,这句话没有"芝麻开门"那般强有力的功效。在自我探寻过程中,肯定会有难过的时刻,也会有心碎、无措的时刻。内心强大,专注自己,一样可以脆弱、可以委屈、可以崩溃,可以有很多想不开的瞬间,但即使在产生了那些情绪之后,还是愿意试图再振作起来,再想一想办法,再调整一下状态,再专注一些,再勇敢一些,再笃定一些,再次努力把自己送到自己想要的理想状态。

曾经有很长一段时间,我怀疑自己是不是没有自己想象中的那般内心强大。但是，此刻的我对自己拥有的能量越来越笃定。我心碎过、坎坷过、崩溃过，甚至也经常在文章里诉说自己的焦虑，但那又怎么样呢？我最后还不是一样好好地站在了这里。

那些难过的时刻，不应该成为否定自己的源泉。

下次再感到崩溃时，试着这样想一想：那些难过的日子，我都熬过来了，这点事又算什么呢？

内心的强大与笃定，最终是需要我们自己给自己建构的。

祝你拥有碎了无数次，还能一次又一次拼好的内心。

CHAPTER_5

人生不过三万天，
快乐一天是一天

别怕，我们都像这样慢慢长大

01

那天，专栏编辑给我发来了这样一个问题：如何去减少无意义的比较？她说："很多人很想知道这个问题的答案，你能不能把你的答案写成一篇文章？"我回复她："可能我也没有办法回答这个问题。我必须坦诚回答的一件事是，尽管在日常生活中，我尽可能地让自己做一个体面、大方、不在意多余的事的大人，但我骨子里其实是一个善妒，且很要强的人。"

她说："那你刚好写一写你自己在这件事上的自洽过程吧。"

于是，就有了接下来的思考。

02

可能我接下来说的话会引起一些争议，但是，我还是要说：

很多时候，我没有办法发自内心地为身边人的进步去开心。假如这件事情，别人做成了，我没做成，我会难过，会羡慕，甚至会有点嫉妒别人的聪明与能干；假如这件事情，我做成了，别人也做成了，我在开心之余也产生很多紧迫感，原来大家都很厉害，那我要加倍努力，加倍用心，我一定要在下一件事上比他们做得更好、更突出。

我总是会忍不住在一些事上跟身边人去比较。他们没做成的事，我偏要做成；他们做成了的事，我就要比他们做得更好。我就是希望我能比身边的人，再优秀一点，再厉害一点，再突出一点。

我知道我的这些小心思看上去很龌龊，很不大度。

但是，我就是没有办法成为那个坐在一旁为别人的成功发自真心地去鼓掌的人。

在我的少女时代，我也曾经讨厌过自己这种爱跟人比较的性格。毕竟，我们从小接受的教育就是不能去嫉妒别人，嫉妒这个品质不好。以至于后面的很长一段时间，每次看到原本跟我差不多的身边人进步很大，我内心就会一边暗地里因为他的进步、我的原地踏步而难受，一边自我责备"你怎么这么小心眼，你为什么就不能因为别人的进步而开心呢"。在这种纠结的心态下，我少女时代的很多情绪没有办法跟师长、家人、朋友去诉说。

少年们都想成为别人眼中那种很闪亮，且有着优秀品质的"好人"。他们不喜欢别人说自己善妒，也不敢大大方方承认自己对身边人的这份嫉妒。于是，干脆把自己那份喜欢与别人比较的"善妒"之情藏起来。

03

我带着这份藏起来的"嫉妒"走了很久。一边自己切切实实地因为那份"爱比较,不甘落后"的心,推动着自己走了好远,一边又真切地厌恶着那个总是爱跟人比较的自己,把自己性格里爱比较的那部分当作自身无法征服的恶魔。

就这样过了很久。

直到有一天,我回头看了眼身后,望着过去的自己翻越的一座又一座难爬的山,看着手里摘得的一个又一个闪耀的成果,看着身边早就换了一批又一批的同行者,想起那些原本走在我前面但现在早已被我甩在身后的人,我突然原谅了那个善妒且好强的自己。

我知道,像我这种资质平平,不够聪明,也不够漂亮的普通女孩,如果没有这份喜欢跟别人比较的不甘与心气,是根本走不了多远的。

在我因为自己的要强,获得了一些成果后,我突然接受那个没办法坐在一旁真心为别人的成功而鼓掌的自己。是的,我就是不甘心此刻就只是坐在这里为别人的成功鼓掌,我就是又在不经意间拿自己和对方去比较,我就是突然觉得此刻自己已经拥有的好像也没有那么好,我也想拥有那些站在台上成功的人拥有的那些更美好更闪亮的东西。

对呀，我就是羡慕他们，我也想成为他们。向往更好的有错吗？

这份渴望成为像他们一样厉害的人的比较之心，从头到尾都没有错。

而当我正视自己，认清自己偶尔会忍不住想跟人比较，并且接纳了这部分自己后，我很少再去为"喜欢与他人进行无意义的比较"这件事而难过了。

偶尔会忍不住跟人比较的我们，并没有错。我们要做的就是妥善安放好自己的那部分情绪。

04

所以，我后来慢慢学会了与那部分喜欢与人比较的自己相处，学会了不去厌恶与排斥它，而是去接纳它。

首先，正视自己，认清自己的欲望。接纳自己，好好与自己内心的那头情绪野兽相处。

承认在这个世界上就是有些人比此刻的自己更优秀，承认自己性格里的确有那部分不被世俗接受但也不算坏的部分，比如善妒，比如好强，承认自己并不是一个那么完美的人。然后，好好驯养自己内心的这头野兽，允许它能够坐在旁边替别人的成功鼓掌，也要允许它野心勃勃，允许它不甘心，不服气，允许它站出来，带上自己的实力和努力去跟那些不服气的存在一决高下，允许它成为那个接受别人鼓掌的存在。

其次，学会沉静下来，安静地去做好自己的事。

时刻告诉自己：别人获得了什么，都与我们无关。别人拥有再好的人生，那也是别人的，与我们无关。一味地去比较，并不能让我们拥有那一切。

如果真的很羡慕别人此刻拥有的一切，那就自己去争取，去努力，去朝着那个想要的远方更近一点。靠努力、靠勤奋、靠自己的聪明才智去让自己拥有那一切。

与其羡慕，不如成为。这是我很喜欢的一句话，也送给大家。

把与别人比较的注意力收回来，放在自己身上。去学会让自己沉静下来，安静做好自己的事。多关心自己此刻内心的真实感受，关心自己要如何才能到达那个自己想要的远方，关心今天要如何吃好喝好以及如何去取悦自己。这些事都比与别人比较更有意义。

然后，慢慢学会在"不安"中获得与"不安"相处的方法。

偶尔，还是忍不住想要跟人比较，还是会因为自己会无意识地去跟人比较而自我责备，怎么办？

那就去接受自己性格中让自己不舒服的那部分，这也是成年人必修的一门课题。更何况自己性格中让自己不舒服的那部分，是我们自身暂时的能力不足、心性修炼不够造成的。

也许会时不时感到难过，时不时自我怀疑，时不时觉得当下的日子很难，这些都是正常的。

在战斗中学会战斗，在解决问题的过程中学会如何解决问题，在善妒中学会掌握那个既让自己舒服也不会太冒犯别人的"度"，在某种不舒服的情绪体验中锻炼自己的能力。

"和自己的情绪做朋友"这一人生课题，不是某个人说的某句话就能让你一下子掌握的，得自己去学、去体验、去感悟。

但是，我能告诉你们的是：别怕，我们都是这样慢慢长大的。

05

总有那么一天，你们也能淡定地说出那句"我年轻时也因为爱和人比较伤了些元气，但是我现在不会再为此焦灼了。因为我知道，无意义的比较只会劳心伤神"。比起无意义的比较，不如沉住气，脚踏实地走稳当下该走的每一步，这样更加有用。

最后的最后，偷偷告诉你们一个有点"坏"的秘密：治愈喜欢跟人比较这部分性格最好的办法就是，嫉妒谁就超越谁。当有一天，你比曾经与之比较的那个人混得更好，你的嫉妒自然会痊愈。

不必去比较，直接去超越吧。

生活抛出许多问题，我们在路上寻找答案

01

周六的早晨，我睡到自然醒，洗漱完，切了几片全麦面包放进烤箱加热，然后煎一个鸡蛋，热一杯牛奶，坐在餐桌前吃早餐。吃完早餐，我简单收拾了一番，泡了一杯茶，拿着茶杯慢悠悠地走到电脑桌前。

家人看到我的这番状态，笑我是不是完全没有写作的打算，如此磨蹭。我笑着答，竟然被你发现了。

这是我过去几个月里真实的生活状态，有时即使在电脑桌前枯坐一整天，也写不出几个字。

更多的时候，我在电脑前坐上一整天，敲出了几千个字，也大多都是我不满意的，最后也会将文稿扔进回收站。越写不出来，越不想写；越不想写，越不敢写；越不敢写，整个人越感到难过，每日如此循环，周而复始。

但这也说不上是江郎才尽。

我感受得到，我心里有很多很多的话想要说出来，我还有许多想法想要表达，我还有很强的创作欲。但对于那时的我来说，胸口好似紧紧地压了一块石头，压得实实的，一腔表达欲也被压得死死的。

每当夜深人静，辗转反侧时，我也曾经一次又一次地问自己一个问题："你为什么不敢表达自己内心真实的想法？"

我给自己找了很多个理由，比如"太忙了""太累了""精力不支""状态不好"，但是我清楚，这些都不是真正的答案。

那天下班后，我和认识十年的好友小兰一起喝酒，喝到微醺，她突然抛给我一个问题："如果一个人经常喝酒，那说明她过得不是很开心。虽然在大家的眼中你各方面都很顺利，但我总感觉你这个状态不对，或者说我感觉你过得很不开心，你最近有什么烦心事吗？"

她说："如果你不愿意说，你可以选择不告诉我你的烦恼，但是你自己一定要看清楚正在吞噬你的那头魔兽究竟是什么。"

尽管那晚我又喝得晕晕忽忽才回家，但第二天早上醒后，我一直记得朋友上面那句话。

我总感觉，这个问题的答案跟我的表达欲和情绪有着密切的关系。

在很长的一段时间里，我一直在思考这个问题：我真的过得开心吗？如果不开心，那我又在为什么难过呢？

02

想起之前去做心理咨询,每次走进咨询室,见到我的心理咨询师,她跟我说的第一句话都是:"今天过得开心吗?"或"这周过得开心吗?",我已经很长一段时间没有去见我的心理咨询师了,也有很长一段时间没再听到别人问我那句"你今天过得开心吗?"。

所以那天,我认真地问了自己一个问题:亲爱的自己,你今天过得开心吗?最近过得还好吗?

说来很不好意思,在问完自己那个问题,我突然莫名觉得很委屈,甚至眼泪不自觉地流了出来。仿佛我的咨询师坐在我对面般,我在自己小小的房间里,一边哭,一边委屈地倾诉着。

尽管在别人眼中,我拥有了一份稳定到这辈子都饿不死的工作,但我有时也觉得很委屈,我吃了那么多苦,读了那么多书,考了那么多厉害的证书,为什么要在这间小小的办公室里,做着这些枯燥的工作,每天跟一群认知能力和情商都不高,甚至没怎么接受过教育的人打交道,偶尔还会被指责、被质疑。

尽管在别人眼中我过得很好,好到如果我说自己"现在其实也很不开心",就像是在矫情。但其实我内心也时刻充斥着孤独感,这份孤独与爱人无关,与家人无关,与任何其他的人都无关。这份孤独是我自己的课题,是即使我拥有了能提供足够安全感的爱人与家人,仍然会时不时感到不安,会不自觉地想"如果有一天,感情不在了,爱人不在了,我能否独自过好这一生";是即使在办公室里有同事的陪伴,即使大家面临的工作困境都一样,但我仍然会时不时担忧"会不会大家都只是嘴上说着工作的困难和辛苦,等到真正出结果时,就我做得最差";是一天工作结束,下班走在街上,想去买吃的但又担心长胖,想去运动但又好累好想躺着;是我做不到心安理得地"躺平",又做不到斗志满满去"内卷"的纠结与焦虑。

尽管我有靠谱的父母,还算开明的公婆,在别人眼中是好命的,但背后的负担与压力也是一般人难以承受的。研三那年,即使一天只睡三四个小时,我也要拼命地去准备各种考试;即使当时在图书馆因为备考的焦虑而一次又一次崩溃大哭;即使当时连着发烧了好几天,迷迷糊糊中清醒的那几个小时我也在拼命地刷题;因为我要努力考上一个好工作,为父母争气,也为了让公婆看到即使我只是普通的小康家庭之女,即使我父母能给我的资源有限,但我能站在这里,我是配得上我的另一半的,谁都别小瞧我和我的家庭。尽管公婆并未小看过我,但我的那份尊严和受到的尊重还是要自己替自己挣回来。所以后来即使我上班了,每次他们问我工作怎么样,我也总是笑笑说:"我的工作挺好的,同事们也挺好的。"

而令我难过的那部分,我也不敢跟父母倾诉,怕他们担忧,更怕他们一边心疼我,一边自责自己的能力有限,能够帮我的地方少之又少。甚至那天体检中心的报告结果显示我有甲状腺结节,还有一些其他指标异常,我也只跟另一半说了,还千叮咛万嘱咐,跟我爸妈聊天时千万别说漏嘴。然后我又换了一家三甲医院,对指标异常的项目一一复查,等到医生说这些指标没有什么大问题以后，我才在某次聊天时云淡风轻跟他们提了一嘴。

尽管在旁人眼中，我工作稳定，婚姻幸福，有疼爱我的父母，有帮助我的公婆，生活十分顺遂，其中的任何一项都非常让人羡慕，但是对于我而言，以上的每一项都需要我付出时间、精力去维系，我并不能坐享其成。

我拼命地去工作，工资条上的每一笔钱都是我用精力、时间换来的；父母确实很爱我，但他们终究年岁已高，我跟他们随便说一些工作、生活上的烦心事，都会让他们挂念很长一段时间。甚至在我心里某件事早已翻篇了，他们心底依旧还记得，还在默默地替我担心。我不想让父母替我如此操心，所以我早已把与他们相处的模式切换成"报喜不报忧"。

尽管他们并未要求我一定要取得什么样的成绩，但那份平等的尊重需要我自己努力去挣；虽然另一半给足了我做自己的底气，但说句很现实的话，世事易变，如果设想中最糟糕的情况发生，那么离开这段感情后，我能否维持原本的生活还是未知数。

我需要自己拥有一个长期稳定的内核，不只是此刻能让我感受到幸福，而是即使离开了某个人，离开了某种支撑，离开了某段关系，依旧能够把生活过得风生水起的能力。

03

事实上，在过去的半年时间里，我暂时还没有找到那份能够支撑未来的我好好活下去的"力",甚至我不知道自己当下的目标是什么,有工作、有爱人、有房子了,然后呢?然后我要做什么呢?我应该做什么呢?

我的内心还是焦虑的、悲伤的,充满恐惧的。

所以,每天白天我的所有时间被工作充斥,没时间去思考这份恐惧与悲伤,也没时间去感受这种茫然。等到下班以后,工作把时间还给了我,我的内心突然变得空落落的,"我该去哪里?我该做什么?"诸如此类的问题又冒了出来。我找不到正确的答案,这种找不到正确答案的感觉太不好了。我不喜欢这种感觉,于是我选择借助酒精让自己忘掉这一切,一杯杯啤酒下肚,然后昏昏沉沉地睡去。第二天醒来,白天继续忙碌,晚上继续难过,周而复始地循环着。

回到最开始的问题,这种状态又是如何影响到我写作的呢?

我是一个对文字很诚实的人,在我还没办法诚实地面对自己之前,在我尚未找到内心想要的那个答案之前,在我生活状态很差时,我没有办法故作积极地去写下一些文字。我没办法在自己内心存在着忧愁的情况下,还在文章里抒发"要热爱生活,要美好"这类观点,这总让我觉得违心。

我清楚,我进入了一个崭新的人生阶段,我遇到了崭新的人生课题,我需要找到那个被称为"自我"的东西,我需要安抚好自己内心存在的那个小孩,让它配合我继续过好接下来的人生。否则,我只会陷入无尽的内耗。

每隔几年,生活就会给我扔出一个新的课题,让我百思不得其解，让我为其忧思，让我心绪低迷，等到我好不容易给出了一个令自己满意的答案，它会让我稍微休息一阵子。但是休息的时间也不会太久，最多一两年，生活会想办法再扔给我另一个高阶的课题，让我为难、崩溃、迷茫，让我难以解答。

以前，我遇到生活扔给我的新课题，会为迟迟找不到答案而焦虑许久，基本上要花费上一年的时间去接受要面对的这个新难题，再花上一两年的时间去努力解答这个难题。

大抵是因为解答以前生活扔给我的课题时，积攒了一些经验，这一次，当我再次面临困境时，我的处理比以往要干脆许多。虽然依旧低迷了一段时间，但成长后的我好像没有以往那么焦虑了。

在我察觉到自己状态不好以后，我在内心一遍又一遍地对自己说，名为"生活"的这位熟悉的老朋友又来了，它又要给我出新的难题了。别怕，就像曾经很多次面临难题时那样，勇敢地去面对，大不了跟它耗费上一两年的时间，肯定会解决的。我从心底里相信，生活丢给我的难题，只要花时间，总能找到解决办法的。

我不再排斥新课题带给我的焦灼，既然我暂时找不到答案，既然自己内心很难受，既然在这种糟糕的状态下我确实写不出任何好的文字来，那便干脆停笔一段时间，不去强迫自己一定要努力。

停笔以后去做什么？

可以去好好地生活，去吃、去喝、去玩，去见一见许久未见的朋友，去尝试一下新鲜事物。也可以去认真地感受自己的悲伤、难过、恼怒、紧张、崩溃、害怕、恐惧。

自我开始写作出书到现在已经整整七年了。以前我听过这样一个说法，人的细胞每时每刻都在进行着新陈代谢，而将全身的细胞全部代谢掉，需要整整七年。今年刚好是我写作出书的第七年，那就干脆将此当作一个崭新的开始，全新的契机。

过去的七年，我活得太认真、太拼命，爬了太多的山，走了太多的路。在那些艰难的时刻，我一次又一次地逼自己再往前走一步，再多突破一些自己的极限。即使生着病，吃了布洛芬，我也要在截止日期之前写完稿子；即使内心非常恐惧、害怕，我也要强装淡定，一定要把某件事做好，甚至我会告诉自己，暗示自己"你害怕，那就说明你不够坚强。不可以这样，你要坚强"；即使情绪很低沉、很难受，我也会让自己像一个工作机器一样，打开电脑，给自己打满鸡血，努力地去敲下一行又一行文字。

我很清楚，在过去七年里，我内心那个小孩的情绪一次又一次被我忽略。我没有大方地去允许内心的那个小孩释放她的情绪，让她尽情悲伤，去心安理得地休息，去消极地低迷一段时间。

所以，作为新的七年的开始，我决定为自己做的第一件事是：允许自己去难过、去悲伤，去心安理得地躺下来休息，敢吃、敢睡、敢荒废。直到某一天，在事物的自然发展规律下，我的那份悲伤自行消失，而不是被某种鸡血般的情绪一时掩盖。我选择不再掩盖悲伤，而是尊重"月有阴晴圆缺"的事物自然发展规律。

你若问我：你不再害怕了吗？人生或事业真的就此荒废了怎么办？

其实，我们不需要那么害怕。怎么胖的就怎么瘦回去，怎么荒废的就怎么追赶上来，落后了就脚踏实地做好当前事努力追赶。

我选择像聪明的海龟一样，**去顺势而为，借势而起，惜命惜力，热爱生活**。接受生活充满起伏的这个事实，起则发力，落则蛰伏。

逆境也没那么可怕，只要不让自己沉得太狠，偶尔露出头喘几口气，然后下去继续憋住气，既然事物的自然发展规律让我蛰伏，那我便蛰伏，耐住寂寞，等待下一个浪头。

04

你如果要问我：在写这篇文章时，你好起来了吗？

当然。是从什么时候好起来的呢？

那天，我的单位组织体检，我去体检中心做完了所有检查。过了三天，我收到了体检报告，看着报告上异常的数据，我跟朋友唐唐发消息说："接下来的很长一段时间里，我不能再跟你一起喝酒吹牛了，我要健康饮食，锻炼身体，恢复运动了。"

朋友回我："没见过谁拿到了有异常的体检报告，像你这般的云淡风轻，你好歹再吐槽几句体检情况呀。"

在那个瞬间，我头脑清醒地拨通她的电话，说："我感觉我等到了那个'变好'的转折点，生活肯定是想通过体检报告这件事点醒我，想以此提醒我'该振作了''可以振作起来了'。"

我说，生活每次都是这样，在我难过或绝望时，它总会以各种形式提醒我要有转机了，这份体检报告就是我生活的转机。

朋友笑我心态实在太好，在此情此景下还能说出这番话。我回她："你看啊，我还年轻，尚未三十，即使有些指标异常，也只需稍微控制一下饮食，加上坚持运动，锻炼身体，就可以恢复正常。我在这么年轻的时候收到这样一份报告，提醒我应该注意健康饮食，保持愉快心情，是一件好事。如果等到我四五十岁，再拿到标满'异常'的体检报告，想调理好身体都难了。"在我意识到自己说出口的这番话是这般积极、心态这样好时，我突然笑了。

我知道，我的生活要好起来了。

我也知道，生活这次给我的这个课题，我已经差不多找到答案了。

这份答案是，不必恐惧未知，不必担忧变化，更无须追求在此时此刻一定要找到某个目标。人生漫漫，我身体足够健康，充满力量，能走，能跑，想吃的东西也都能吃下去，手脚麻利，我靠着自己的手脚，再加上聪明的脑子，无论有多大的变数，都能养活自己，也不会惨到哪里去。

不必去抱怨工作，那是谋生的方式，要感恩自己有一份工作，有一个地方能够让我实现自我，我愿意去再忙一点、再充实一点。

也无须因为伴侣、父母可能无法给你长期且稳固不变的依靠而恐惧，在人间谋生，每个人都是看起来热闹但又充满孤独的。大家的内心都充满了恐惧与不安，只是有的人被恐惧与不安支配，有的人选择把恐惧与不安放在旁边，偶尔想起来了才会看一眼，大多数时候仍是开开心心地继续赶路。

那天晚上临睡前，朋友给我发了一句话：人生很奇妙，梅子熟时栀子香。

　　是的，不必急躁。有些事情，只要时间到了，自然会迎刃而解。梅子要熟了，栀子也就散发着香气了。栀子花开了，梅子自然而然就熟了。

上班是讨生活，下班是过生活

01

那日，我问办公室的一个同事老徐："您的体检报告应该很漂亮吧，感觉您的心态向来很好。"

她笑着回我："你猜对了。像什么结节、结石、增生，我都没有。"

办公室另一位即将退休的女同事丁姐听完她说的，很惊讶地说："老徐，那你应该是我们整栋楼上下几层、好几个办公室里，唯一没有结节、结石、增生的人了。"

丁姐接着说："上次体检报告出来后，我问了一圈，上到五十几岁，下到二十几岁，甲状腺结节基本人人都有。甚至我女儿才二十五六岁，我给她找了个轻松不累的工作，前几日体检依旧查出了甲状腺结节。这样一对比，你真的是股清流。"

老徐笑着说："那是因为我从来不在工作中内耗自己。我宁可逼疯别人，也绝不内耗自己。"

老徐四十多岁，身材匀称，每日将自己打扮得很漂亮，老公是某三甲医院的医生，孩子在武汉数一数二的中学读书。从她家到单位只需要走路十分钟，她每天踩点来单位上班，到点就下班，绝不加班。平日在办公室里，偶尔泡一杯约克郡英式红茶，或者热一杯牛奶，自制一杯拿铁，再或者煮点养生茶喝一喝，绝不亏待自己。

当我们每日焦头烂额，因工作感到压力或情绪不佳时，她始终风轻云淡，每日画着全妆，穿着高跟鞋，看上去精致又美好。看到她，我时常会想：四十多岁的姐姐尚且如此精致美好，而二十多岁的我早已懒到不愿打扮自己，每日灰头土脸，穿衣只求温暖舒适，不考虑美丑，实在是有些羞愧。

所以那天，我多问了她一个问题："您有什么保持好心态的方法可以传授一下吗？"

她笑着看着我，然后很真诚地回答：

"我很清楚我想要什么。工作只是一个谋生的手段，在工作这个战场，我只想做好自己该做的，无愧于心，至于能取得多大成就，我不去奢望。我更在意的是我的生活、我的家庭、我的孩子，说句现实的话，现在除了我的孩子，谁都没有办法让我不开心，即使是我老公也很难让我的情绪波动，所以大多数时候我很爱惜自己的情绪，不让自己去内耗。再说我的孩子，孩子是我自己生的，那我含着泪也要将她养大成人，所以为了她操点心，我认了，只要心甘情愿，自己想明白，一切都好说。"

最后，她跟我说："可能你现在还年轻，很多东西还不清楚，但是我要跟你说的是，我们这一辈子就三个战场：工作、家庭，还有自己的生活。我们的精力有限，所以不能太贪心，如果这三个战场都想拿第一，那就太累了，**在大多数时候，我们要学会去省着点消耗自己的精力。**

"比如，工作的时候就去做好自己的工作，保证做出的结果对得起自己的良心就好，不要逼自己太紧，不要想着我一定要去拿第一或者第二。下班后就把工作丢到脑后，千万别再为工作的事情烦恼。下班后，就开开心心地过自己生活，保养好自己的身体，没事多跳跳舞，见见朋友，逛逛街，吃点美食，好好地去经营自己的生活与家庭。

"偶尔当个坏人，也很有必要。谁给你压力，谁让你不舒服，别去忍耐，也别往心里去，在必要的时候'发疯'，把承受的压力和不舒服全都说出来，学会把压力和不舒服扔回到那些给你压力和让你不舒服的人身上。压力和不开心，我们是坚决不能要的。一旦谁给我们压力，我们就要把那份压力原封不动地还给对方。"

宁可当个"坏人"，也别为难自己。

02

二十八岁之前，我在做某件事的时候，很喜欢"死撑"。

比如，当我要做一场重要的报告，或是要进行一场重要的考试时，即使我的身体不舒服，即使我已经疲倦得不行，即使我真的很难受、很难熬，我也要将一杯又一杯咖啡往肚子里面灌，逼迫自己去清醒，告诉自己要上进，推着自己再往前闯一闯。

那时的我还年轻，完全没有考虑过自己的心情状况，不会去思考一天喝三四杯咖啡来抵抗困意，会不会伤害到自己的身体；不会去考虑每天只睡三四个小时，会不会搞垮、透支自己的身体；也压根没有想过让身体承受这么大的压力，它会不会很累，身体里的那根弦会不会在某一天突然断掉。

二十八岁前的我是完全不会去考虑这些的。

当然，我也没有多余的时间和精力去思考这些。因为时间紧，任务重，不去熬夜，不去拼命，这些事情我就做不完；因为机会难得，名额有限，你不去努力争取，就会有比你更加努力的人去拥有你渴望的这一切；因为只要你想要成功，就总会有压力，普通人的压力总是很大，谁都一样，我们的身后没有坚实的后盾，就只能靠自己的努力往前冲；因为那时流行"死撑"，好像只有咬着牙去苦苦挣扎才是努力，才是坚持，才是值得人们去称赞的品质。

所以，即使我的压力再大，即使我的身体再累，也要假装自己不害怕、不紧张，也要假装自己会带着必胜的决心和信念往前走，挺起胸膛骄傲地走。只要一个人的表面看起来是骄傲的，是自信的，是无所畏惧的，这就足够了。故事的另一面，大家不会去过多地关心。人们并不在意你骄傲地往前走时，你的内心究竟是真的自信，还是不安，这些是没有人会去关心的。

这是一个浮躁的时代，人们只会匆匆看一眼表面，并以此作为真相。

所以，从传播学领域来说，还有一个人际交往的传播小技巧：即使一件事情是假的，当你说多了，也就成了真的。

在这种背景下成长的我，有很长的一段时间里，不懂得去如何爱自己。只知道用一股蛮劲儿，以及不知死活的孤勇，去撞开一扇又一扇人生的大门。

我也很幸运。每次都能幸运地撞开一扇又一扇大门，所以在过去将近三十年的成长过程中，我从未怕过什么。

我真的什么都没怕过。因为我知道，无论是任何时刻，任何事情，只要我拿出足够多的诚意，付出足够多的努力，付出足够多的时间，大不了再熬上几晚，多喝几杯咖啡，多看几百页资料，多背几本厚厚的专业书，多改几十遍文稿，我一定能像之前经历过的很多次那样，一次又一次地去赢得胜利。

我是从什么时候开始改变的呢？

当我拿着体检中心寄来的那一沓厚厚的体检报告，发现有些指标和数据，即使凭借我的那股不知死活的蛮劲儿和冲劲儿，也无力回天的那一刻，我真的害怕了。

我发现，这世界上有很多事情，是我再努力、再认真、再用力，也没有办法去改变的。

直到那一刻我才明白，这世界上如果只要付出努力、付出时间，就能做好某件事，那这些事真的是很容易做成的事。生活中还有许多无论你怎么努力，怎么拼命，都改变不了的事，后者才是真正的艰难。

二十八岁之前的我无所畏惧，觉得只要努力，自己就可以无所不能。

二十八岁之后的我开始看到人的极限、生活的极限。不敢再将自己的精力、能量和那股蛮劲儿当作自己取之不尽、用之不竭的资源，开始学会去惜命、惜力。

03

直到二十八岁，我才学会什么是所谓的"珍惜自己"。

遇到身体不舒服，我不会再去"死撑"，而是及时请假就医。单位离了我们也照样转；我们的家庭、父母如果少了我们，才会陷入停摆。这是前辈教给我们的道理。做人可以自私一点，可以多爱自己一点。

此刻，我一大早就请了病假去医院复查，抽了三管血，花费了半小时完成了体检项目。接下来，去干什么？我去了医院对面的商场，找到一家咖啡馆，打开我的电脑，点一个贝果，点一杯热拿铁，找到一个好位置，打开电脑写点什么。掐准时间，在下午上班之前赶回单位即可。

我拍了一张早餐的照片发给朋友老周，老周说："你怎么上班如此清闲？不是说你们单位很忙，怎么我在你身上没感觉到这一点？"我答："大概是我比较佛系吧。虽然我也拼命，也努力，但是更想好好生活。我不想去做女强人,而是想做一名快乐的女性。"

当然,我不是要传递"不务正业"的工作态度。因为我在工作时,没有过多去抱怨,也没有偷懒,所以当我需要休养生息时,就可以大胆地去休息,去理直气壮地做自己想做的事。

所谓休养生息,不是指完全不去努力,而是该努力时就努力,该休息时,舍得休息。

生活里,也要允许自己活得轻松一点,允许自己恣意一点。正如我跟朋友老周调侃的那样,二十五岁之前的我,即便干完了一天的工作,身体疲惫不堪,回到家也要喝一杯咖啡,打开电脑,写下一篇篇稿子。

但是,现在的我做不到了。如今我上完一天班,回到家,首先要填饱我的肚子,然后沐浴更衣,钻进被窝,先补个觉。睡到晚上九十点钟醒来,看会儿书,聊会儿天,或者看看新闻,写几行稿子,在晚上十一点半之前一定重新躺回被窝,继续睡觉。

可能有人觉得我不上进,觉得我懒散,觉得怎么会有人把懒惰说得如此理直气壮。但是对于我来说,这确实是最能滋养我的一种生活方式。一天工作下来,身体的疲累让我不想再强打精神去奋斗,搞得自己苦不堪言,这又是何必呢?在单位被领导施加压力,回到家还要给自己施压,太累了。

我不想过这样的生活。

周一到周五,工作累了就去休息,养好精神,做好该做的工作。周末,精神状态好的时候,就在吃喝玩乐之余,轻松自在地写两篇稿子，做些自己喜欢做的事。

既保证自己心情轻松地工作，也适当给周末的轻松时光留点写作压力。该省的时候，就省着点用自己；该努力的时候，就大方给自己打些鸡血，让自己生活得松弛有度。

在工作之后，我才明白"省着点用自己"这句话的意思。

什么叫"省着点用自己"？

不是让自己去偷懒，不是不努力，不是完全不作为，都不是。"省着点用自己"是指，当你感觉自己精力旺盛，状态良好时，就奋起直追，多做一些事情；当你感觉自己状态不佳，那便理直气壮地当只乌龟，让自己缩进壳子里，闭上眼睛去休息一会儿，短暂地停下来，什么都不去做，只去等待，等待自己的状态重新变好。

人生很长，拼的是长期作战的能力。若早早把能量都消耗掉，在余生的几十年，你又要靠什么度过？当然，也不能完全荒废，你我都是普通人，我们荒废不起，也不能荒废。所以最好的办法便是，学会好好地去利用自己的能量：状态好的时候，就多消耗一些；状态不好的时候，就缓一缓再去消耗。

04

很多年前，我跟我的博士师兄一起吃饭，他感觉我的压力一直很大，把自己逼得很紧，于是跟我说了这样一段话。

他说:"你不必让自己承受这么大的压力,不如学会开口去告诉别人,当你开口把你的压力告诉别人,既是一个释放的过程,也相当于把你的部分压力转移到了别人的身上,这样你自己也会轻松许多。学会开口,学会求助他人,学会把压力告诉那些可以帮助你解决问题的人,以及学会转移压力,学会把自己的烦心事告诉别人,利用别人的智慧帮自己解决。"

那时我年纪小,不太理解这段话的真正含义,甚至觉得这段话有些滑稽,我认为,别人怎么可能感受到我的压力,帮我解决问题呢?

这两天,我突然又想起师兄跟我说的这番话,突然感到豁然开朗。师兄的意思很简单,就是学会省着点用自己,以及合理"利用"身边的人。身边的人,无论父母、伴侣、朋友,都是人生路上的可靠伙伴,既然是伙伴,那就要互相合作。不要活得那么"独",要能看到自己的脆弱,看到自己没有那么强大,也要去相信他们自身是有能量帮我们的。

工作、家庭、自己的生活,我们不必在三个战场都做得很好,我们也不可能三个战场都做得很好,但如果我们懂得借助身边人的力量,懂得借势,那我们确实能活得轻松一些。

聪明的女人,要懂得"薅羊毛"。一年、两年、五年、十年,一点点去薅生活的羊毛,从而获得一些好处。既然是"薅羊毛",那便要有"薅羊毛"的心态,珍惜生活给予的每一次小恩小惠,内心要保持欢喜,也要学会等待。羊毛虽小,但是三年、五年、十年、二十年、三十年不断累积,加起来的也不少。

省着点用自己的办法很多,比如在必要时学会偷懒,再比如在必要时学会薅生活的羊毛。

总之一句话,学会利用自己,也要学会借助他人的力量。这样不仅自己有底气,而且还能借助他人的力量,做到进退有余,这才是女性智慧。

人生忽如寄，莫负今朝好天气

01

过去两三年里，每次临近新年，看到大家都在做新年计划，我总是急忙在网上下单买手账本。打开购物软件，货比几家，才发现自己买晚了，总是没有办法在1月1日当天收到这个手账本。所以过去的好几年里，我都是等到1月3日或4日才收到新的手账本，开始做我的新年规划。

可能是因为我很久没有在1月1日当天写下自己的心愿，有了这样一个糟糕的开头，所以为后面做下了铺垫，又或许是以上的这些理由也都是我在给自己找借口，总而言之，过去的几年里，我每年都买手账本，每年的手账本都是新年过了好几天才用上，从来没有完整地用完过一个手账本。要不然就是半途而废了，要不然就是忘了几天以后就再也不想记了，要不然就是单纯地不想再记了。

总结了过去几年的经验，我这次早在2023年11月，就给自己挑好了一本手账本。在12月里，我用了一个月的时间去思考：2024年，我还想做些什么事？不是别人做了我也要做，不是为了取悦他人而做，更不是为了在手账本上写下几行好看的字，是我发自真心想做的事。

我用了一个月的时间，郑重地写下了对未来的自己的期望。

2024年，我要做一个如愿以偿的人。

02

2023年的12月31日，我选择在电影院看某位歌手的演唱会纪录片，以此来度过这一年的最后一天。另一半虽不怎么听这位歌手的歌，但他依旧支持我的决定。他选择陪我一起在电影院跨年，尽管演唱会播放到一半时，他靠在我的身边睡着了，我回头看着他睡着的样子，拿出手机给他拍了一张照片。我很感激这个世上有人愿意花费漫长的三小时，陪你做你想做的事，我真的感到很幸运，这是一件很幸福的事。

这也是我对自己今后的一个期待：**学会感恩，常怀感激之心**。

过去半年里，曾经有很长的一段时间，我过得非常不开心。那天，我找到了一位智者，向他请教了这样一个问题："为什么我工作顺利，生活美好，身体健康，每天也没有发生让我生气难过之事，但我就是很难感到开心？更多的时候，我只觉得生活很乏味，没有什么意思。"

智者回答我："你缺少欢喜心。"

我听完问他："那我应该如何做？"

他又回我："那你不如试着写一下感恩日记，每日记录一件你感恩的事，抑或是真诚向一个人表达你的感谢。"他还特意强调，一定要发自内心地去感恩。

那日之后，我买了一个喜欢的日记本，每天在里面记录一件或几件今天让我感到快乐的事情。这件事有可能是早上起床晚了，我准备到单位食堂匆匆拿一份豆皮转身就走时，食堂阿姨主动跟我说"今天的红薯小米粥煮得很好，你等一等，我给你盛一碗，你带到办公室去喝"；有可能是在我处理完工作中的某项纠纷，回到办公室跟同事聊起这件事，一个老前辈提醒我"你赶快去跟领导报备一下这件事，这项纠纷没事还好，如果出了事至少你提前报备过，这麻烦也找不上你"；有可能是在半年的努力下，我终于在工作中看到了成效，慢慢体会到那个叫作"职业成就感"的东西。

我具体地、细致地记录下每一个让我感动的时刻，我认真地、真诚地感谢身边每一个人给我提供的帮助，我真心地感激生活对我的偏爱。

十天、二十天、一个月、两个月，当我某日再见到那位智者时，他问我："最近生活过得如何？"

我回答他："还好。不怨天，不尤人，只感恩，去付出、给予爱，去传递美好，去做让自己发自内心欢喜的事，我发现，我拥有的欢喜比我想象中的还要多。"

怪不得古人说庸人自扰，很多烦恼真的都是自找的。

君子不会去怨天尤人，只会去做自己，这也是我今年的目标。

03

改念，就是改命。

凌晨看完演唱会，在回家的路上，我跟另一半说了我的新年目标。我说："新的一年，我要少吃预制菜，少吃外卖，多吃健康且有营养的食物；我要少熬夜，争取早睡早起；我要保持心情愉悦，因为人生的很多事都需要'看心情'而定，保持好的心情，才能一直做出好的决定。"

那日我回到家，已经是凌晨一点。等我洗漱、泡脚后准备睡觉时，夜色已经很深了。次日我一睁眼，已经是中午十二点。往常，如果我一睁眼看到已经是中午十二点，我一定会非常自责，一定会自我内耗："说好的新年新的开始，结果第一天就没做到，怎么办，新的一年我是不是又要失信了？"

但是，现在的我不会再这般想了。看到手机上显示中午十二点，我跟身边的人说："你看，新年第一天，我就睡了个好觉。今年一年，我一定日日都会睡得安稳。"

我起床后，拿出冰箱里的几种食材，给自己做了一顿简单又营养的午餐。吃完午餐，我的另一半回到了电脑桌前，抓住假期的尾巴，想要打几局游戏。我则坐到飘窗，支起一张小桌，拿出电脑，一边晒太阳，一边写下这些文字。

我一边写着这些文字，一边在心里跟自己说："还好睡了一个好觉，我更加专注了，写作效率也变高了，如此好的状态，一定能完成今日的写作计划。"

果然，这一天里我的效率很高，不仅按期完成了当天的写作计划，还在写作过程中再次疗愈了自己。

一切都没有变，我还是那个我，电脑还是那个电脑，写字场所依旧是我家，一天前和一天后，家里的陈设并没有变，世界也还是这个世界。

但是，我清楚，有些东西已经在悄然改变。

我们控制不了当下环境的变化，但我们可以改变自己对生活的态度。或者说，只要我们能够察觉问题的存在，就已经改变了我们面对问题的态度。当我们改变对问题的态度，命运的齿轮就已经开始转动，生活就已经发生了改变。

这也是我希望自己今年能坚持做的一件事：**学会自我觉察，学会转念**。

人生真的就是一念之间。

"我们每个人总是局限在某种束缚之中，常常以为无路可走"，费勇在其所著的《有门》里说道："佛陀在《法华经》里传达出一个信息：任何时候，任何东西都无法束缚你；任何时候，任何地方，都有着一扇门，一扇为你而开的门。"

"只要你愿意去推开那扇门，另外一个世界就会显现。那时你一定会明白，这个世界不是只有绝路，而是处处有出口，处处有门。"

"不要绝望,这事,那事,所有的事,都有门。"

何为转念?

改变自己的念头,其实就是改变自己的能量,也是提升自己能量最大、最关键的东西。

要始终保持勇气,保持相信,保持对"生"的渴望,内心要笃定,在这偌大的世界里总有一扇门为我所开,总有一扇门在等着我去推开。

人生总有困境,人生也总会有出路。

改念,就是改命。你相信什么,你笃定什么,你的人生就会是什么样子。

你相信有出口存在,你就会找到出口。

你相信美好,你就会遇到美好。

你相信只要再耐心等待片刻,你就能找到那扇门,你最终一定会找到那扇门的。

04

须大胆趋吉,须发勇心。

回到最开始我的心愿,就是:如何成为一个能够如愿以偿的人?如何将人生转换成"心想事成"模式?

我找到的答案是,想要如愿以偿,要做到以下两点:

第一，要集齐完成这件事所有的有利条件；第二，无论是内在还是外在，要扩大自己促成这件事的生长空间。简单概括，须大胆趋吉，须发勇心。

人生赛道没有好坏，我们在做任何选择的时候也都像小马过河，谁都是这样。

总有人赚得盆满钵满，也总有人亏得血本无归，总有人轻轻松松过河，也总有人被湍急的河水淹死，他们看似过的是同一条河，但其实不是。

人们爱将这不同的结局归因为"运气"。

但是，这世上真的有"运气"一说吗？

有，但也没有。

何为运气？是只要闭着眼睛，双手合十，虔诚许愿即可成真的锦鲤之气吗？不是的。

运气，就是指运一种"气"。哪种"气"，就是不达目的不罢休的"气"。只要你渴望、坚持、变通，这股气就会形成，从而变成你的助力。

普通人把这个"气"叫作：运气。

运这种"气"的过程，也就是我们所说的趋吉。趋吉，恰好需要你有一股"气"。

从佛家的角度来讲，这也叫愿力。要做成一件事，是需要这个"我一定能做成的"的意念的，这种意念会化成力量，渗入我们的骨髓与血液，给我们一股推力，让我们能坚持得再久一点，从而增加成功的概率。

所以该如何趋吉呢？

主观上选择对自己有利的，去学习、去整合、去竞争，去凑齐成功的重要条件，去朝着有利于自己成功的人或事靠近，让本来不可控的事情比期望中发展得更好。

剩下要做的便是，发勇心。勇敢地、坚定地，去相信自己的决定，去坚守、去践行、去等待、去实现，去如愿以偿。

05

学会以假修真，然后知行合一。

那日，读者问了我一个问题：你们都在说"修炼自己"，可是我看了很多书，记了很多笔记，摘抄了很多"高情商语录"，但在现实生活中一遇到实际问题，依旧会破功，何解？

我想起近年来很流行的一个词语——"知行合一"，这个词有一句很具体的解释：知之真切笃实处即是行，行之明觉精察处即是知。

这个词很美，只要轻声念出这个词，就能给人一种我的思绪跟我的行动完全保持高度一致之感，也就是说，只要我想，就能实现，多么美妙。

但说句泼冷水的话，对于大多人来说，想要做到"知行合一"是比较难的。为什么说"懂得很多道理，却依旧过不好这一生"，是因为即使懂得了一些道理，也并不代表着成长，并不代表着你有能力、有魄力将其践行于实际行动之中。

所以在修炼人生这门功课上，比起"知行合一"，"以假修真"这个词语更适合大多数人。

何为"以假修真"？

就是当你遇到一件很困难、很棘手的事，你就这样想，想象这件事换作你很钦佩的一个人，你很羡慕的一个人，抑或是目之所及你觉得十分优秀的那些人，假如此刻是他们面对这件事，他们会说什么、会做什么，会如何应对这个局面。

这就是"以假修真"，去假装自己是"你眼中很优秀的那个人"，学着用他们的思维去处理问题，学着学着，你可能就理解了别人是怎样来思考这件事情的，到后来你就知道了为什么有的人可以把事情做成。

在这个不断实践的过程中，你会慢慢学到那些优秀的人的思维方法，慢慢地，你也会进步、成长。

人类进化的本质是模仿。

先以假修真，然后慢慢成真，这也是一种进步的方法。

06

写这篇文章的那个下午，我发了这样一条微博：

"很长一段时间里，我觉得在 2023 年的下半年里，自己状态都不太好：写不出满意的稿子，好不容易写完一篇，又将它扔进了电脑的回收站；不够自律，没有完成自己的运动目标，每个月只断断续续地运动了几次；不够努力，每日下班早早地回到家，吃饱喝足后就沐浴更衣，钻进被窝，先睡上两三小时，不去看书写字，只睡好吃饱；人际交往也进入了冬眠状态，只跟固定几个喜欢的朋友每日保持联系，互相分享生活，抱怨几句工作，彼此治愈，其余乱我心者，全都丢到一边，视而不见，闭耳不听。"

我一度觉得，过去这半年里，自己生活得极其不积极、不努力、不自律。

但是当我回头看了自己在这一时期写下的书稿，我感觉到了那时的自己有着身上前所未有的"松弛感"，以及心境上的"无畏"。换句话来说，我在这段人生的"冬眠"期内，内心修炼得更强大、更柔韧了，身上的能量变得更强了，我的思维变得更清晰，我看生活的角度更加犀利，也更加温柔了。更重要的是，我更清楚这一生，我真正重要且真正需要的东西是什么，我要的并不多。

我学会了转念，学会了更加勇敢，学会了以柔克刚。

那天下午，我翻看了过去一年间我所有的微博动态，我发现，原来在我眼中荒废、不思进取、令我不满意的2023年里，我也做了这么多的事情。我毕业了，以优秀毕业生的身份拿到了毕业证与学位证；我找到了心仪的工作，在这个工作岗位上已经坚持了半个月，还慢慢在工作中获得了成就感；我拥有了属于自己的房子，在这座城市里有了自己的家；我开始关爱自己的身体，关心自己的健康，我比以前更加爱自己了。

在当下，也许我们会有某种"自己状态很差""生活不太如意"

的感觉，作为当局者，在迷雾中我们会看不清，会迷茫，会误判，甚至会看低自己，这些都是正常的。

而我想说的是，不要因为自己此刻对自己的评价和感觉，而去认为当下的自己很糟糕，认为当下的生活很糟糕。不要让"我觉得自己很糟糕"这种情绪扰乱自己的心绪，影响正常的生活节奏。

要始终保持自信，始终相信自己是美好的，始终坚信当下的自己做了所有能做的，当下的自己做了能做的最好的选择。然后去把战线拉长，把眼界放远，把思维打开，继续让自己过着美好的生活，再开心一点，再认真一点，多坚持十天、半个月、三个月，甚至是半年，直到春暖花开。

如果说，在新的一年，有什么话是一定要叮嘱自己的，那这句话便是：

请相信自己的感觉，请相信自己已经足够努力了，请相信当下的自己已经做了能做的一切。

以及，请相信自己的能量。

请相信我们自己有足够的智慧，足够的勇气，足够的决心，这份智慧、勇气与决心，一定会带我们走到彼岸，如愿以偿。

相信允许的力量，接受所有的事与愿违

01

朋友花花看到我发在社交平台上的照片以后来找我聊天。她问我："我有个朋友跟你单位性质相似，她每天忙得焦头烂额，不停地跟我吐槽工作，吐槽领导吐槽生活，你是如何做到工作日还能时不时去咖啡店，一杯拿铁，一份甜点，一台电脑，一坐就是一上午？悠哉，乐哉。"

她又问："你是不是已经偷偷辞职了，其实现在没上班？"

我笑了笑回答她："非也，非也，我只是比较擅长忙里偷闲。"

领导体贴下属，所以单位每个月有两个半天的机动假。这两个半天的假里，有人选择补觉，有人选择去见朋友，有人选择陪自己的孩子，而我选择将时间全部花在自己身上。挑一个自己喜欢的咖啡厅，点一杯饮品，挑一个舒适的座位，打开电脑，写写文章，看看书，或者干脆什么也不干，就在咖啡厅随便浏览一些网页，发一下呆，进行一些思考。

总之,在那一刻,我是完全属于我自己的。收回本来放在工作上的思绪,将所有注意力全部放在自己身上,只做自己喜欢的事,只见自己想见的人,只说自己想说的话。以及,只发自己愿意发的呆。

我们是有足够的选择权的。

而我的选择是,不当怨妇,去快乐地生活。

02

那日,我想起我认识的一个学妹面临的难题,她站在毕业的十字路口,面临择业与升学二选一的艰难时刻,她不知道应该如何去选择。

她来向我寻求一些建议,她说:"学姐,我感觉你很满意你如今的生活、工作,在我看来,你是一个很擅长做选择的人,我很想听听你的建议,如果你是此刻的我,你会如何选择呢?"

我回答:"首先要明白,这世上没有完美的选择。你面临的两个选择,各有利弊,没有孰好孰坏之分。你遵从本心,选择你最想去做的就行了。"

她继续问我:"但是在我看来,学姐你在每个人生的关键时刻恰好都能做出正确的选择,这里面有什么秘诀吗?"

我答:"你信不信?像我这种人,无论做什么选择,做什么工作,跟什么人在一起,我最终都是幸福的。"

她点点头，表示了赞同。

尽管这个时代，人们总是喜欢说"选择比努力"重要。但实际上，选择什么不重要，做选择的那个人才重要。

我很爱举这样一个例子，一群小马过河，即便过的是同一条河，但小马们的命运和结局也是不一样的。有的小马横冲直撞，最终被淹死；有的小马全程走得战战兢兢，最后却顺利过河；有的小马只当这场过河是一次体验，走得悠哉乐哉。重要的其实不是选择，而是做选择的那个人。

学妹继续问我："那做选择的人应该如何去做，如何去选择，才能确保自己的选择是正确的呢？"

答案其实很简单，那就是从心底里允许自己幸福，坚信自己一定会幸福。然后，无论自己怎么选择，只要是深思熟虑后的，都要坚定地告诉自己"我的选择肯定是正确的""这么选我一定会幸福"。最后，在你的选择下，按照你想要的模样去生活、去工作、去努力。

去把你的选择变成最正确的选择，不管你最初的选择是什么，这就是幸福的秘诀。

这个时代，我们跟内在的那个自己并不像我们想的那般融洽。我们对自己比想象中的还要苛刻，对内心那个自己，我们时常苛责，经常怀疑，偶尔否定，时不时还会去打压。我们本应该是这个世界上最希望内在的自己快乐的那个人，但实际行动往往并非如此。

我们并未发自真心去允许内在的自己幸福，我们也并非完全相信内在的自己是有能力幸福的。所以它胆怯、犹豫，它害怕自己选错，它怀疑自己，不断地否定自己，它的内核不够稳，以至于它做起选择来总是畏畏缩缩，不够大胆，不够坚定，不够果敢、干脆，也不够固执。

很多时候，我们的不幸福，其实都是自己允许的。无论是工作上，还是生活上，抑或是在人际交往中。

03

之前收到一个读者的留言，她说："我感觉你只是生活、工作看上去比较顺遂，但是没有感受过人际关系的复杂和困扰，所以才能轻飘飘地说出'我要拒绝这些不开心，我允许自己幸福'。如果扰你心者，是你亲近的朋友，是你的父母，是你的伴侣，是你的领导，你还能说出这番话吗？"

我回她："你这也属于和内在的自己关系不融洽，你首先都不相信'允许的力量'与'相信的力量'，这些力量要如何给你正面回应？"

对于这个问题，早在几年前我就面对过。那时，我也为人际关系所困，在心理咨询室，我痛苦地跟我的咨询师倾诉着，说："我内心原本很平静，但一收到他们的消息，一听到他们跟我说一些很负面的话，我就忍不住烦躁，久而久之，我的情绪也会被他们影响。"

我又说："但是他们是我没有办法去切割联系的人，可是我同样也没办法去改变他们,这是一个死局,我不知该如何去破除。那段时间里,我很讨厌自己身处的那个环境,我很厌恶自己身边的一切,甚至觉得自己的生活真是糟糕透了。"

我的咨询师认真地听着我倾诉,然后缓缓开口,说:"我们的身体里其实存在一个与外界交流和沟通的阀门,这个阀门一旦关上,无论外界说什么、做什么都跟你没有关系,都影响不了你的状态。你其实完全可以随时关掉那个阀门,或者说,你要学着自己去关掉那个阀门。"

那时我年纪尚小,还不知道咨询师口中说的这个"阀门"究竟是什么意思,于是直率地回她:"但是我不知道我身体里这个所谓的'阀门'究竟在哪里,我甚至不知道我的身体里是不是真的存在这个'阀门'。"

我的咨询师是这么回答我的:"那便从此刻开始,给你的心灵修建一条护城河,修建你身体里的'阀门',只允许那些让你开心的事情进来,将那些你不喜欢的声音拒之门外。但凡未经你同意就想进入的,这个'阀门'就永远不对其敞开。日复一日,年复一年,你不断去练习开关这个'阀门',直到它成为你身体里的一部分。从此以后,你就拥有了真正的盔甲。"

在那之后的很长时间,我学着去寻找、去建立身体里的"阀门"。我不再告诉自己要忍耐某个人或某种情绪,也不再要求自己必须接受对方投递过来的全部情绪,我学着去选择,去隔绝,去告诉对方你给的这部分坏情绪,我不接受。

然后,我慢慢地发现,只要我不打开那个允许的"阀门",

只要没有经过我内心同意，这世上不会有任何人可以真正伤害我，也没有人有资格伤害我。

04

所以，回到刚才那条读者留言，在日常的生活中，我有遇到复杂扰心的人际关系吗？

也有。

我有一个基本不怎么联系的大学同学，不管我发没发社交动态，她每日都要去我的社交平台逛一圈，甚至还找到我的小号，每日都要看上几遍。之前我每次看到她的访客记录，只觉得好笑，只当作这世界上多了一个如此爱关心我生活的人罢了。

后来，有一天早上起来，我心气不顺，再次看到她访客记录，内心感到非常不愉快，于是我干脆把她的账号拉黑屏蔽了。

共同好友糕糕得知后，问我："何必做得如此决绝？她若是知道，一定会生气。"

我回答她："哪里决绝？日后她微信给我发消息，问我事情，我也依旧会回复的。我只是不喜欢她频繁地来看我的社交账号，我的动态给谁看，不给谁看，我是有自主权的。"

她频繁地来看我的社交账号，让我感到不舒服了。我不想让这种不适感存在，我的情绪"阀门"不想再对她打开，我的动态也不想对她开放了，所以我选择将她拒之门外。

生活中，面对其他的人际关系，我亦是如此。如果对方传递的情绪我不想接收，就干脆拒绝。

我的父母都是很传统、很容易焦虑的那类人，曾经在很长的一段时间里，我每次跟他们打完电话都要焦虑很久。他们会在我的耳边一直催促我，说你要快点结婚，不然年龄越大，越难结婚；你要趁着年轻快点要小孩；你要快点找某人帮忙把这件事解决，不然恐怕会有变数；你要快点做某件事，不然就会怎么怎么样。

他们总是打着为我好的名义，去要求我做某件事。一旦我不愿意做，或者表现出不积极的态度，他们又会找出各种可能的糟糕结果反复在我耳边说，甚至可以说，是反复威胁我必须去做这些事。尽管大多数时候，我的内核是足够稳定的，但是在这种威胁与督促的环境中成长，我的内心其实也充满恐惧。

起初，我还试图努力去改变他们的想法，让他们相信我已经长大，我有足够的能力，足够的智慧，过好我自己的人生。但是后来我发现，我根本没办法去改变他们的想法。

用心理咨询师的说法就是，他们一辈子就是那么过来的，在他们那个年代，要防患于未然，那份在我看来十分令我恐惧的焦虑与不安，或许才是让他们踏实的力量。这是他们的人生底色，是他们选择的、适合他们人生的舒适活法。你不该试图去改变他们，你也改变不了他们。

你能改变的只有自己。

你要学会将他们的情绪与你的情绪隔绝开。

后来，他们再给我传递他们所认为的某种焦虑，我不想接受，我就会直接对他们说:"你们不要再跟我说这些了,你们说的这些话,除了给我的心里添堵,给我无端增加恐惧以外,没有任何实质性的作用。如果你们真的希望我开心,就不要再给我制造这类恐惧了。"

我不再去试图改变他们,但我也不再允许他们的情绪进来。

我们都在讲"独立的个体",何为"独立的个体"?

独立的个体是指,父母是独立的,伴侣是独立的,我们也是独立的。他们有他们的情绪,有他们需要面对的人生课题,我们也有我们自己需要面对的人生课题。我们要相信,无论伴侣、父母,还是朋友,他们都是有能力自己去解决自己的情绪的。

换句话来说,如果他们不觉得这部分焦虑的情绪是问题,他们也可以不去调节这部分情绪。我们要做的是,允许他们的情绪存在,尽管这部分情绪在我们眼中看起来是负面的,但如果他们觉得没关系,那便允许他们做独立的个体,同时也要允许自己保护好自己的情绪和能量。

说句自私点的话,无论你的父母、伴侣、朋友是否快乐,作为一个独立的个体,我们要允许自己快乐,你是可以快乐的。

这份快乐是不需要愧疚和自责的。

满心期待必有遗憾，人无贪念都是馈赠

01

早上，朋友萌萌打电话跟我吐槽她的一个合作伙伴。她说，对方之前给她发了一份材料清单，她按照对方要求寄过去了。过了两天，对方又让她补另一份资料，她照做了，依旧按照对方要求寄给了对方。过了一周，对方又让她拍另一份资料的照片。此时，她有点不耐烦了，但依旧照做了。

最让她生气的是，对方昨天跟她打电话说，有一份材料需要她签字，已经给她寄过去了，她签完字后再回寄过来。结果今天快件到了，快递员在她家小区门口打电话确认她在不在家。

因为这份快件是到付的。

听见到付的那个瞬间，萌萌的火一下子上来了。

在那十几分钟的通话过程中，萌萌恨不得把合作伙伴全家问候了一遍，骂他折腾人，骂他办事不靠谱，骂他们公司寄快递竟然还用到付，实在是抠门。

最后，萌萌说了这样一句话："早知道我就跟其他人合作了，他那边的合作条件虽然差一点，但至少他热情，态度很好。"

我听出了问题所在，说来说去，她无非觉得对方怠慢了她，没有给她足够的情绪价值，没有跟她说足够多的漂亮话。

我回她："即便换了个人合作，该走的程序也还是要走，人家说不定也会几次三番找你要资料，只是他们会在找你要资料时，多说几句好听的话，态度好一点。但是没关系，你正好吃这一套，利益大不大没关系，反正你只需要对方提供情绪价值，听到漂亮话你心里就舒服了，对吧？"

萌萌被我问得哑口无言，停顿了片刻，她又回我："难道你不喜欢听漂亮话吗，难道你不喜欢跟能够给你提供情绪价值的人相处？"

我回答："嗯，我不需要。甚至只要结果是我想要的，我就可以主动去做那个给别人提供情绪价值的人。"

02

那日，就"情绪价值"这个课题，萌萌继续与我探讨。她问我，"被人怠慢，你不会觉得不舒服吗？"

我答："如果我感觉到被怠慢，那也只能说明招待我的人并未招待好我。这是他的问题，与我何干？"

萌萌继续问："那你不会内心不舒服，不会觉得是对方心里有杆秤，觉得我们不重要，所以才会怠慢我们吗？"

我继续回答："什么时候我的自我价值是随便谁都能衡量的？那是他自己的衡量标准，又不是世界通用标准。井底的青蛙看到的世界，和我们看到的世界又不一样。所以他怎么想，与我何干？"

萌萌问："如果是你被这般对待，你不会生气吗？"

我说："我不会觉得他这么做，有多么的值得我去生气。第一，一些合作的手续是会比较麻烦，会需要后续去补一些资料；第二，我也并不觉得到付多么不能接受，也许他们寄的是很重要的材料，需要本人当面签收，所以选择了到付，即使真的因为他或者公司抠门，那这十多块的快递费我付了便是，比起这十几块钱，你在那里伤肝动气耽误一个多小时更贵吧；第三，我不需要他给我提供额外的情绪价值，在了解他们公司的前提下，我只需要他在规定时间内帮我把事情办完。理性、不讲情面最好，不然我还需要调动情绪价值去跟他客套。"

萌萌说："我应该说你内心强大，还是说你不讲情面？抑或是只要自己美丽，哪管别人好坏？"

我答："或许三者都有吧。"

03

我是从什么时候开始不再迷恋情绪价值的呢？

是在二十几岁时，我拿着合同去找公司要相关款项，公司派了某个人跟我对接，我每次去问对方，对方都是一口一个"你放心，你的事我们肯定会帮你办""你的事我在帮你跟进，你放心""我们肯定会在什么时候之前给你打款"。那时，我还是吃对方这一套的，对对方也是足够信任的。结果呢，过了半个月、一个月、两个月、三个月……一笔几万块的款项，对方硬生生拖了我半年。最后，在我极其强硬地跟对方下最后的通牒"如果你们还不按照合同履行，这个钱我一分不拿全都给律师，也一定要让你们吃上官司"后，对方才不情不愿给我的账户打了款。

是在二十五岁时，我身边一位长辈张口闭口说"我以后就把你当成我的亲女儿一样对待""你以后有什么事就跟我说，不要压在心里，我肯定会想办法帮你分忧""我以后就是你坚实的后盾"，诸如此类的漂亮话她对我说了很多。但是，在我真正想要做成的某件事需要她的帮助时，她开始假装看不到我的希冀，假装不明白我的想法。好听的话，她对我说了很多；但真正对我有帮助的事，她一件都不愿意做。

是在二十七岁时，在我研究生毕业的前一年，身边那些在社会上混得还不错的兄长、长辈，每次在家庭聚餐时碰到我，都会向我保证，"我认识某人，到时候等你快毕业了，要找工作了，你就给我打电话，我找他帮忙给你安排一个好工作""你要找工作了，就跟我说，我们这点能力还是有的"。那时的我听到这些话，心里是很开心的，认为好歹也是一条退路。

结果呢？

在我二十八岁时，在我面临最焦虑、压力最大的毕业季时，他们都消失不见了。那些他们口中说的，所谓的"退路"，是退到最后就无路可走，所以依旧要靠我自己去努力奋进。后来的我，也确实是靠着自己的努力杀出了一条血路。

那些年，那些人，那些事，都告诉我一个道理：再好听的话，再美丽的许诺，再多的情绪价值，假如落不到实处，不能真正去践行，不能变成真正能够滋养我们的东西，那就都是无用的。就像大饼画得再圆、再大、再逼真，也只是看起来美好，其实都是假的。

所以，后来的我，无论是选合作伙伴，还是选朋友，比起考虑对方能不能给我提供情绪价值，我更在意对方能不能办实事，能不能说实话，能不能在与我交际时做一个真实的人。

04

网上有段时间刮着"情绪价值"的风，谈恋爱、交朋友、寻求合作，任何事都能跟情绪价值扯上关系，我看到后不由得感叹：这年头的人真的是一点意思都没有。

他们每天都要在只言片语里找证据：谁的情商太低，谁又给谁提供了情绪价值，谁又配得上谁——这年头的人们，都守着自己的那一亩三分地，生怕谁怠慢了自己。实际上，只有没能量的人才会在意别人能不能给自己提供情绪价值。

内心贫瘠的人，才会在意别人是不是怠慢了自己。真正能量充足、内心富足的人，早已戒掉了"情绪价值"。

比起别人打包在一起都不值一分钱的情绪价值，我更在意别人是否能给我实实在在、肉眼可见的，堪比真金白银的那部分价值。

这时，又有人会说，可是这个世界上就是有很多机会，是靠我们给别人提供情绪价值换来的，你怎么能说情绪价值没有用呢？

我从未说过情绪价值无用，从头到尾，我要表达的都是：别人能否给我们提供情绪价值这件事并不重要。我们要做的是对"情绪价值"祛魅，别人对我们是否热情、是否主动都不是我们要考虑的事情，只要对方足够靠谱，足够有能力，能给我们带来实实在在的好处或利益，那么即使热脸贴一下冷屁股又有何妨。大丈夫能屈能伸，大女人也是可以收放自如的。不要被所谓的"情绪价值"冲昏了脑子，而去生一些本来可以不生的气，搞砸一些本来可以继续维持的关系。

对于我们自己而言，比起别人是否能给我们提供情绪价值，我们更应该看重实实在在的东西。

那么，情绪价值重要吗？重要。

对于有些人而言，比起实实在在的价值，他们更在意所谓的"情绪价值"，所以我在前面也说过：只要结果是我想要的，我就可以主动去做那个给别人提供情绪价值的人。

如何做？

大多数时候，说些真诚话；必要的时候，说些漂亮话；关键的时候，说些真心话。实在不行，就试着多打一些感情牌，找到对方真正在意的地方去着手，去努力。

我知道，看到这里，有人会疑惑：为何我一会儿说不要在意别人能否给自己提供情绪价值，一会儿又说要做一个能给别人提供情绪价值的人？

我选择这样回答：这里面是自有其内在逻辑的。对于内在而言，我们要做一个不在意"别人能否提供情绪价值"的人，活得理性而清醒；对于外在而言，不妨试着做一个感性的人，做一个能在恰当的时候给别人提供情绪价值的人。

太过理性，容易给人无趣之感；太过感性，容易给人轻浮之感；内核清醒、理性，必要时又能展示一部分感性，如此中和，可柔可刚，内稳定外舒展，此方为入世之需。

回到最初的问题：为何我不再迷恋情绪价值这件事？

答：因为我意识到，人生在世，我们只需要能力与决心，就能做好我们想做的事情，我们的生活大概率能过得很好。

所以，与其期望别人来满足我们的胃口，不如多修炼自己的内心。

图书在版编目（CIP）数据

做一个淡人：让一切自然发生 / 文长长著． —
武汉：长江文艺出版社，2024.11 — — ISBN 978-7
-5702-3828-6

Ⅰ. B842.6-49

中国国家版本馆 CIP 数据核字第 2024MU5709 号

做一个淡人：让一切自然发生
ZUO YIGE DANREN：RANG YIQIE ZIRAN FASHENG

文长长 著

选题产品策划生产机构 | 北京长江新世纪文化传媒有限公司
总 策 划 | 金丽红 黎 波
责任编辑 | 张 维　　　　　　装帧设计 | 阿 鬼
策划编辑 | 韩成建　　　　　　内文制作 | 张景莹
特约编辑 | 张雪雅　　　　　　责任印制 | 张志杰　王会利
法律顾问 | 梁 飞　　　　　　版权代理 | 何 红
媒体运营 | 刘 冲　刘 峥　洪振宇
总 发 行 | 北京长江新世纪文化传媒有限公司
电　　话 | 010-58678881　传　　真 | 010-58677346
地　　址 | 北京市朝阳区曙光西里甲 6 号时间国际大厦 A 座 1905 室　　邮　　编 | 100028

出　　版 | 长江出版传媒　长江文艺出版社
地　　址 | 湖北省武汉市雄楚大街 268 号湖北出版文化城 B 座 9-11 楼　邮　　编 | 430070
印　　刷 | 天津盛辉印刷有限公司
开　　本 | 880 毫米 ×1230 毫米　1/32　　　印　　张 | 8.25
版　　次 | 2024 年 11 月第 1 版　　　　　　印　　次 | 2024 年 11 月第 1 次印刷
字　　数 | 150 千字
定　　价 | 52.00 元

盗版必究（举报电话：010-58678881）

（图书如出现印装质量问题，请与选题产品策划生产机构联系调换）